U0120904

古茶树木质部进化特征与普洱茶树亲缘关系研究

梁 涤 邱 坚◎著

中国林业出版社

图书在版编目（CIP）数据

古茶树木质部进化特征与普洱茶树亲缘关系研究 /
梁涤，邱坚著 . —北京：中国林业出版社，2024.4

ISBN 978-7-5219-2659-0

Ⅰ.①古…　Ⅱ.①梁…②邱…　Ⅲ.①茶树-研究
Ⅳ.①S571.1

中国国家版本馆 CIP 数据核字（2024）第 066766 号

策划编辑：杜　娟
责任编辑：杜　娟　陈　惠

———————————————

出版发行：中国林业出版社
　　　　　（100009，北京市西城区刘海胡同 7 号，电话 83223120）
电子邮箱：cfphzbs@163.com
网址：https：//www.cfph.net
印刷：北京中科印刷有限公司
版次：2024 年 4 月第 1 版
印次：2024 年 4 月第 1 次印刷
开本：787mm×1092mm　1/16
印张：7.5
字数：165 千字
定价：58.00 元

序

茶树进化，是指茶树从原始型形态向进化型形态的变化。其主要外源因素是地理环境的变迁和人类活动的影响，反映了茶树在系统进化上的连续性、阶段性和不可逆性。茶树起源于新生代第三纪早期，由于第三纪中期开始的地质演变，出现了喜马拉雅山的上升运动和西南地台横断山脉的上升。从而使得第四纪后，茶树原产地成了云贵高原的主体部分。古往今来，许多茶学研究者穷根溯源，对茶树从不同角度进行了深入的探讨。

茶者，南方之嘉木也。上者生烂石，中者生砾壤，下者生黄土。就像读史书，一定绕不开《史记》一样。说到茶书，自然要提到唐代茶圣陆羽所著的《茶经》。《茶经》是中国乃至世界现存最早、最完整、最全面介绍茶的第一部专著，被誉为茶叶百科全书。《茶经述评》是现代茶圣吴觉农晚年主编的一部校译评述唐代陆羽《茶经》的专著，以严谨的注释、丰富的内容为学术界所推崇和赞誉，推动了我国茶学的新发展，堪称"二十世纪的新茶经"，在茶学发展史上具有里程碑意义。

本书作者长期研学《茶经》，有三十余年的茶山实践经验，结合现代茶学、林学、生态学知识系统研究茶树进化，特别是在攻读工学博士期间，在邱坚教授指导下运用木材微观解剖、木射线细胞和DNA技术分析，首次对古茶树进行木质部解剖和DNA对比，通过大量野外调查和科学实验数据分析，提出了古茶树进化的新观点，并对普洱茶树亲缘关系进行了研究梳理，在国内外重要学术和核心期刊发表相关科研论文。

茶组植物为茶叶的来源，即茶树，其具体起源和进化过程至今仍存在争论，特别是茶树是否经由木兰至五桠果进化为茶树存在争议。茶树是一种山地植物，保存化石有一定困难，但近年来在云南省临沧市永德县古茶园区域发现了中华木兰的活体，而同一茶山存在大量不同类型古茶树，为中华木兰、野生茶树和栽培茶的进化关系研究提供了珍贵实物标本。本研究开展茶山植物群落调查，考察茶树的植物特征和生态条件，通过对中华木兰、五桠果、不同类型古茶树（野生型、过渡型、栽培型）、不同地区普洱茶树（云南省临沧市永德县、西双版纳傣族自治州勐腊县易武镇，普洱市国家优良品种云抗10号）、普洱市思茅区同一茶山不同品种普洱茶（国家级茶树良种云抗10号、云南省优良品种长叶白毫、地方品种雪芽 100 号）的木材构造进行比较研究，结合茶叶检测分析，为茶树的进化和分类提供植物形态学、木材学、化学分析实证，为古茶树构造特征、进化过程、茶树遗传育种、茶叶加工和古茶山保护提供依据。

　　本书是中国乃至世界第一本详细论述古茶树木质部解剖和 DNA 对比排序的学术专业著作，在与世界接轨的科学架构下提出了学术新观点，分析了茶树进化的未来趋势，该书的出版，对于古茶树进化和普洱茶研究有较高的学术价值和深远意义。

2024 年 3 月

前　言

　　茶叶的来源是茶组植物，即茶树。茶树的起源和进化一直以来都饱受争议，特别是茶树是否由木兰至五桠果进化为茶树的猜想迄今为止仍然没有相关的研究和著作给出科学的证实和解释。茶树是一种山地植物，保存化石有一定的难度，但近年来在临沧永德县古茶园区域发现了中华木兰的活体，而同一茶山存在大量不同类型古茶树，为研究中华木兰、野生型茶树和栽培型茶树之间的进化关系提供了珍贵的实物标本。

　　本书基于茶山植物群落调查，茶树的植物特征和生态条件考察，通过对中华木兰、五桠果、不同类型古茶树（野生型、过渡型、栽培型）、不同地区普洱茶树（临沧市永德县、西双版纳傣族自治州勐腊县易武镇、普洱市国家优良品种云抗10号）、普洱市思茅区同一茶山不同品种普洱茶树（国家级茶树良种云抗10号、云南省优良品种长叶白毫、地方品种雪芽100号）的木材构造进行比较研究，结合DNA鉴定和茶叶检测分析，为茶树的进化和分类提供植物形态学、木材学、化学分析层面的实证，为古茶树构造特征、进化过程、茶树遗传育种、茶叶加工提供参考依据。本书内容是云南省自然科学基金基础研究专项重点项目"珍稀保护黄檀属木材DNA树种识别基础研究"（202001AS070044）的部分验证内容；同时也受到了云南省西双版纳景洪市义和昌茶业对古茶山的生态保护和采养的课题资助。

　　通过考察得知，西双版纳易武和曼播茶山茶树林群落构造完整合理，群落物种组成丰富，具有良好自然的生态环境和天然性。临沧双江冰岛古茶园和永德塔驮古茶园茶树栽培型古茶树为普洱茶，野生型古茶树为大理茶。过渡型古茶树的繁殖器官与大理茶接近，营养器官多与普洱茶接近，次生木质部构造与野生型茶树差异小。

　　木材解剖构造分析表明进化顺序依次为中华木兰、野生型茶树、栽培型茶树、云抗10号，五桠果与茶树木质部进化趋势不均匀性明显，不在同一进化支上。木材解剖构造进化顺序为穿孔板的横隔递增，管间纹孔式从梯状向对列、对列向短对列-互列演化，导管-射线间纹孔式梯状向横列刻痕状、大圆形、卵圆形趋势进化，导管由径列复管孔向单管孔进化，导管长度由长向短进化，导管频率由多到少进化，轴向薄壁组织由少到多进化。

　　不同产地的三种普洱茶树木质部进化特征呈现少数特征不均匀性，是受不同茶山环境的影响，由此说明，系统进化不一定以相同的速度发生在植物的各部分，仅仅从某一种器官或某一种研究方法很难得出全面客观的结论，木材解剖学特征仅作为其中一种主要的参考依据，进化的研究需要更多角度的证据。同一茶山同时种植的三种普洱茶树的构造差异较不同产地的三种普洱茶树的差异小，在普洱市思茅区同一茶山同时种植的普洱茶树的解剖构造特征有的差异较明显，如导管直径、长度、管孔频率、木射线高度等，依据Baileyan 木质部进化系统则指向长叶白毫进化较慢，云抗 10 号的进化较快，但数值差并不大；有的特征差异不明显，如穿孔板类型、横隔数、导管–射线间纹孔式、管间纹孔式，这三种普洱茶树进化为同一阶段。

分别对五桠果、中华木兰、永德野生型茶树、永德栽培型茶树、云抗 10 号、易武栽培型茶树等六个树种的 DNA 进行提取，*matK* 序列扩增、测序及系统发育树分析，结果表明：基于 *matK* 序列构建的系统发育树所表现出来的中华木兰与茶组植物亲缘关系更为接近，而五桠果单独聚为一支，其与茶组植物的亲缘关系更远。

理化成分检测结果显示，永德塔驮古茶园三类古茶树的茶叶茶多酚随进化趋势逐步升高，氨基酸总量和茶氨酸含量随茶树进化趋势增加。普洱茶儿茶素的平均值高于大理茶，EGCG 和 EGC 平均值也高于大理茶，这是普洱茶制红茶优于大理茶的生化基础，也从理化分析角度佐证了大理茶比普洱茶原始。

本书的成书过程以茶树次生木质部解剖特征为基础，结合植物形态学、理化成分分析和 DNA 提取表明了茶树由木兰进化，而对于由五桠果进化的推测提出相反的木材解剖学证据，过渡型古茶树属于野生茶树的变异，不同产地普洱茶树解剖构造受到环境条件的影响，而同一产地的不同品种普洱茶树木材解剖特征差异较小，其木质部特征进化趋势表明国家级优良品种云抗 10 号较其他品种更进化，同时理化分析的结果表明进化程度越高，茶树的次生代谢产物就越丰富，本书的研究为木材解剖构造在物种进化关系的应用提供了实证，为普洱茶树的亲缘关系研究提供了木材解剖学证据，为茶树的遗传育种提供了学术参考。本书著者为国际木材解剖学家协会（IAWA）成员和中国进出境生物安全研究会成员，从事茶领域研究与实践近三十年，早年在西南大学读研期间便专注于古茶树进化研究，后来在西南林业大学获得工学博士学位，开创了用工科材料学技术和 DNA 提取来分析传统茶学的瓶颈问题和争议观点，进行古茶树木质部进化特征与普洱茶树亲缘关系的研究。

著　者

2024 年 3 月

目　录

1 概　述

1.1 研究背景及意义

茶树按照植物学分类系统，属于山茶科（Theaceae）、山茶属（Camellia），山茶属下分成多个组，最早的是 1854 年 Griffith 建立的，但局限性明显，目前主要有三种系统，1958年 Sealy 的山茶属分类系统分为 12 个组[1]，1981 年张宏达的分类系统分为 19 个组[2,3]，2000 年闵天禄的分类系统分为 14 个组[4]，其中茶组（Camellia sect. Thea）植物为现今用于饮用的茶叶的来源，即茶树的广义概念。狭义的茶树，仅指茶（Camellia sinensis）这一个种。目前茶学界已广泛接受广义的茶树概念，本书所叙述的茶树为广义的茶树概念，即指山茶属下的茶组这一类群的植物，由于形态、性状的多样性和连续性，其组的分类学范围和物种的界定均存在不少的争议[5]。

茶树的起源至今仍存在争议，大部分学者认为是中国，也有少数学者认为是印度，也有个别学者持"多源论"。根据物种多样性中心应为物种起源中心的理论，茶学界多数学者认为中国西南地区为茶树起源中心，但具体区域仍不明确。而云南具有丰富的古茶树资源，包括从野生原始种类到栽培进化种类的一系列演化群以及多种生态地理分布类型，越来越多的研究者推测云南西南部是茶树起源中心[6-9]。"古茶树"是约定俗成的名词，尚无明确的定义，通常将自然生长或栽培百年以上的茶树称为古茶树，包含了茶组植物的野生型、过渡型和栽培型等各类型茶树资源。

茶叶作为世界三大饮品之一，是重要的历史、文化、经济载体，茶树是茶叶的来源，由此，茶树的分类、起源以及亲缘关系的研究对茶种质资源发掘与保护、茶树遗传育种、茶叶加工、茶文化发展具有重要意义。普洱茶产业是云南省重要的农作物产业支柱，也是中国西南地区特色产业之一。随着国家乡村振兴的深入，云南普洱茶产业能够有效发展，带动云南大部分山区茶农的收入增长，依托世界独有的茶树资源，普洱茶服务地方经济发展，还促进旅游、物流等相关行业的发展。但是，目前云南普洱茶产业整体面临树种混乱、工艺落后、生产效率低下等困境，严重阻碍了产业发展。如何有效解决这些问题，制定合理的云南茶树资源调查与规划，聚焦培育重点品种、突破茶树采养难点，推动产业升级发展成为当务之急。

1.1.1 茶树起源研究现状

1.1.1.1 古地质、古气候与植物化石研究

从古地质和古气候演变、茶树或亲缘关系近的植物器官化石、物种的化石推测，大部分学者认可中国西南地区为茶树的起源中心。

根据古地质与古气候演变的分析，茶学界以虞富莲等为代表的学者认为，茶树起源必须具备三个古生态基础条件、一个诱因机制。三个古生态基础条件是繁荣的裸子植物基础，在经历陆海交替演变的古陆地块，以及具备干热、干冷、湿热的气候条件；一个诱因机制是裸子植物遇到干旱或处于干旱的气候界面，会诱发被子植物诞生的机制。根据上述古地理与古气候演变的分析，以及裸子植物繁荣探讨，虞富莲等认为山茶植物最初产生的具体地点可能是石鼓—普洱、临沧这个以澜沧江为主的滇西盆地山坝交接的边缘。因为这里具有被子植物山茶植物产生的裸子植物的基础，有稳定的陆地和湿热气候，三个基础条件无一缺乏。同时，又处在湿润与干旱的界面上，具有被子植物诱发机制[10]。

植物学化石研究也将茶树的起源中心指向中国西南地区。

山茶目植物的起源时间大约在古新世和始新世，而山茶属植物出现则可能在渐新世，也即比人类早数千万年前就有茶树了[11]。现代分子生物学研究推测山茶属内物种多样性分化时间是中新世[9]。自中新世之初至今，大约相隔有2300万年之久，在这个漫长的地质历史中，与茶树有关的化石记录仅有一项，即20世纪80年代初在贵州省晴隆县发现的茶籽化石[12]，由此也有学者认为茶树的起源是贵州。茶树是一种山地植物，保存化石有一定困难，这也是地质界、茶学界以及植物学界今后共同携手努力的方向。

虽然云南没有发现茶树的化石，但是云南景谷有目前埋藏最早的宽叶木兰化石出土，为引证茶树的最原始产地在云南西南部增添了古植物依据[13]。云南省地质矿产勘查开发局何昌祥等在云南景谷发现了渐新世"景谷植物群"化石，共有19科、25属、36种，其中有宽叶木兰，在野生茶树分布比较集中的云南西南部的临沧、沧源、澜沧、梁河、腾冲等地也都发现了木兰化石，何昌祥根据第三纪地层化石宽叶木兰（*Magnolia latifoliah*）和中华木兰（*Magnolia miocenicas*）所处的生态环境和形态特征与现今的野生大茶树做比较后认为，这些形态特征与野生茶树的一些变异类型十分相似，其中茶树的乔木型、单轴分支、叶形大而平滑、叶尖延长、栅状组织一层、花序单生、简单儿茶素类物质含量比较高等原始型生理特征，特别是从茶树演化体系和第三纪木兰植物地理分布区系标志认为，云南西南部是茶树起源中心。他推论，在渐新世晚期，宽叶木兰出现，到了中新世中期，其很快向中

华木兰演化。随着气候变得更有利于被子植物栖息繁衍，宽叶木兰从沧源芒回传遍哀牢山以西、北回归线附近地带，形成中华木兰产地多而集中的中心地段。最后他推论，茶树即是在这个特殊的第三纪木兰植物地理区系中，由宽叶木兰经中华木兰演化的结果，而印度阿萨姆地区和我国云南、贵州、四川交界等地，因不具第三纪木兰植物地理区系条件，又缺乏古木兰自身演化体系，所以上述地区是茶树的原产地之说均不成立，茶树的原产地应在我国云南西南部[14]。

更幸运的是，近年来在临沧永德县古茶园发现了中华木兰的活体，为中华木兰、野生茶树和普洱茶进化关系研究提供了珍贵的实物标本。

1.1.1.2　茶树及相关植物的现代分布与物种多样性研究

山茶属植物及相关植物的现代分布及遗传多样性研究也将中国西南地区指向为山茶科植物的起源中心，但具体区域仍存在争议，主要的研究如下。

根据茶树分类学家张宏达(1981，1984)的分类系统，山茶属植物有 200 多个种，90%以上的种主要分布在中国西南地区及南部地区，以云南、广西、广东横跨北回归线两侧为中心，向南北扩散而逐渐减少，集中分布在云南、广西和贵州三省(自治区)的接壤地带[15]。山茶属是山茶科中具有较多原始特征的一群，由于具有系统发育上的完整性和分布区域上的集中性，中国西南地区及南部地区不仅是山茶属的现代分布中心，也是它的起源中心。

茶树分类学家闵天禄(2000)认为，亚洲热带地区是山茶属的起源地和山茶科的原始分化中心，有由山茶科分化产生的木荷属(*Schima*)、大头茶属(*Gordonia*)、厚皮香属(*Temstroemia*)、杨桐属(*Adinandra*)、茶梨属(*Anneslea*)等。在中国热带地区北缘的广西南部、云南东南部至南部以及中南半岛的越南、柬埔寨、老挝边境集中了山茶属中最原始的类群。云南东南部、广西西部和贵州西南部的亚热带石灰岩地区，也是茶组植物原始种最集中的区域，并与上述的原始类群分布区一致。由此认为，这一地区应是茶组植物的地理起源中心[16]。

2007 年编写的 *Flora of China* 英文修订版第 12 卷沿用了闵天禄分类系统，将国内茶组植物修订为 17 个种和变种，云南有 13 个种和变种，占总数的 76.47%。世界上已发现的茶组植物绝大部分分布在我国云南。中国科学院昆明植物研究所杨世雄认为全球共有茶组12 组，其中 11 组分布在我国，广西和云南分别拥有 7 组，是世界上茶树资源最丰富的地区[17]。

虞富莲前期依据云南茶树种质资源多样性认为云南为起源中心，但随着贵州茶籽化石的出现转而支持贵州为起源中心[18,19]。

刘玉壶(1984)在《木兰科分类系统的初步研究》一文中指出，云南、贵州、广西、广东等省(自治区、直辖市)是木兰科植物的现代分布中心和起源中心[20]，这一说法与中国西南地区是茶树起源中心的理论相一致。

中国科学院昆明植物研究所杨世雄长期致力于山茶科及其近缘类群的系统分类学研

究，通过分析云南茶树种质资源认为，云南南部和东南部、贵州西南部、广西西部以及毗邻的中南半岛北部地区可能是茶组植物的地理起源地，因这一地区处在山茶属以及山茶属的近缘类群核果茶属（*Pyrenaria*）的起源地范围之内[21]。

茶树种质资源丰富，不仅表现在物种数量，也表现在遗传多样性、形态多样性、理化成分多样性以及丰富的古茶树资源。

古茶树及野生种质资源丰富的形态多样性，也是物种多样性的佐证。研究发现云南景洪古茶树资源农艺性状变异系数大，变异系数从大到小排列为最低分支高>叶面积>树幅>树高>叶长>叶宽>花冠直径>果实大小[22]。双江县古茶树表型多样性研究发现，19个表型均呈现出不同程度分化，部分表型具有特殊的性状[23]。

陈洪宇等选用22个表型性状对56份我国西南地区（云南、重庆、四川、贵州）茶组植物进行遗传多样性分析，发现大理茶、普洱茶和栽培茶呈现较丰富的遗传多样性，其他种的茶树数量较少，生长范围小，呈现相对独立的特征，遗传多样性中等，因此认为我国西南地区茶树资源数量大且涵盖多个物种，遗传变异度丰富，各种基径范围、树型、海拔梯度均有分布，体现了我国西南地区茶树资源较原始、古老的特性，所有垂直或水平的连续分布情况超过其他任何地区，是茶组植物原产地的独有特征，又根据我国西南地区茶组植物的地理分布、种数和数量，仅云南就拥有80%茶组植物物种及以茶树为优势树种的森林群落，推测云南是我国西南地区茶树的多样性中心，重庆、贵州、四川为扩散区[24]。

生化成分多样性不仅是物种遗传多样性乃至物种起源的佐证，在茶叶加工中也尤为重要，成为茶树育种的重要基础。茶多酚（tea polyphenols）是茶叶中多酚类化合物的总称，茶叶中含有大量的茶多酚，在茶叶中通常表现为涩味，具有抗心律失常、预防感染、解毒抗菌、抗癌、抗过敏、抗衰老、降低血糖、抗动脉粥样硬化等作用，其含量是重要的茶叶品质指标[25]。咖啡碱在茶叶中的含量在2%~4%，其与茶黄素以氢键缔合形成的复合物具有鲜爽味，咖啡碱含量也是茶叶品质的一个重要因素[26]。茶黄素是红碎茶的主要品质指标，表现为汤色"亮"，影响茶的滋味强度和爽度，是茶汤"金圈"的最主要物质，具有降血脂、抵抗肿瘤发生发展、调节血糖、延缓衰老等多种生物学活性[27]。

云南在特异种质资源上筛选出高茶多酚材料5份、高咖啡碱材料9份、低咖啡碱材料2份及高茶黄素材料10份，抗性种质资源13份，这些特异性茶树种质资源，可作为茶树特异性育种的原始材料[28]。

云南具有丰富的古茶树资源，古茶树的地理分布在全国是最广泛的区域之一。来自云南省农业科学院茶叶研究所等13个单位于2010—2017年对云南省古茶树资源进行了全面普查，云南茶区东西横跨864.93km，南北纵横910km，面积38.3万 km²，居全国第八位。除了西北部的迪庆无茶，怒江、丽江两地少茶外，其他各地均为茶区。茶区地跨中、南温带，北、中、南亚热带和边缘热带六种气候带。茶区分布于32.43万 km²，有茶园37万 km²，茶农人口约1000万。根据云南自然地理差异和古茶树资源分布状况，将云南古茶树资源的地理分布大致划分为滇西、滇南和滇东南三大分布区，即滇西-大理茶（*C. taliensis*）、滇南-普洱茶（*C. sinensis* var. *assamica*）和滇东南-厚轴茶（*C. crassicolumna*）3 个现有分布中心[29]，大理茶和普洱茶分布范围广、多样性丰富，为长期伴生树种，大理茶是野生型古茶树的典型代表，普洱茶是栽培型古茶树的典型代表。

由此可见，大部分学者均持茶树的起源中心为中国西南地区的论点，但具体的区域仍存在较多争议，茶树的起源还需要更多植物学、分子遗传学、次生代谢产物、植物地理分布的深入研究。

1.1.2　茶树亲缘关系研究现状

茶树所属的山茶属植物从植物形态学、古地质演变及植物化石的研究分析，大多数学者均认可何昌祥提出的茶属植物由木兰进化而来。另外，由于五桠果与茶的形态有较多相似，茶学界有山茶目是木兰目经五桠果目进化而来的推测。茶树的种间关系研究中，从植物形态学的角度认为大理茶是原始茶种的典型代表，而普洱茶为进化茶种的典型代表。

1.1.2.1　茶树与木兰亲缘关系研究

木兰科与山茶科的关系由何昌祥提出，并从植物形态及地质演变历史进行了论述分析。

根据郑万均《中国树木志·第一卷》（1983）资料统计，分布在我国的现代木兰植物有 11 属 90 余种，其中云南有 9 属 38 种之多，而云南西南部就占了 5 属 13 种，其中木兰属在全国约有 30 余种，云南有 9 种，而云南西南部就有 6 种，占全省一半以上[30]。从属种数量上看，云南西南部的绝对数并不算多，但所占比例却远远大于本省和省外其他同级植物分布区。从树型上看，分布在本区木兰科植物和原始型野生大茶树，均为常绿乔木树，同时二者的分布范围又相重叠，说明二者都是南亚热带—热带雨林环境条件下的共生产物。云南西南部约有 85% 以上由花岗岩、变质岩和大面积中生代紫红色砂页岩风化的山地酸性土壤，为木兰植物的生长发育提供了优越条件。所以，木兰自渐新世晚期起至今，在该区一直保持了长盛不衰、栖息繁衍、兴旺发达之势。从这个角度分析，它与茶树的生态习性更为接近。茶树也有喜温、喜湿、喜阴、喜酸和怕冻、怕碱、怕涝的"四喜三怕"特点。与木兰对比，可谓一致，显然不是偶然。分析之所以形成这个特点，有可能是茶树在长期系统发育过程中所形成的生态习性是接受了木兰植物遗传基因的结果[14]。

我国木兰化石有正式描述和公开发表的只有 2 个种（叶），一为宽叶木兰（新种）（*Magnolia latifolia* Tao nov sp.），二为中华木兰（*Magnolia miocenica*）。宽叶木兰（新种）叶形大，倒卵形，长 6.4~11cm，宽 3.4~5cm，顶端缺失，但从叶形轮廓看为钝圆，基部楔形收缩状；叶缘全缘；中脉粗壮而直，侧脉 6~7 对，近对生或互生，以 50°~60° 角从中脉生出，向前弧曲；近边缘处的三次脉向外分出，并与外侧的侧脉末端连接，形成环结脉序，其他三次脉垂直于侧脉，彼此平行，形成长方形网格。宽叶木兰产于云南景谷，时代为渐新世。中华木兰叶卵状，椭圆形，长约 8~12.5cm，顶端钝圆，基部钝圆形。叶柄粗壮，保存不完全，叶缘全缘成波状。中脉粗壮，侧脉 9 对左右，以 50°~60°角从中脉生出（不达叶缘），叶基部的夹角略大，近叶缘处连接成环；三次脉网状，在叶缘环结、细脉网状。中华木兰产于云南景谷、临沧、沧源、澜沧、景东、梁河、腾冲等地，时代较家叶木兰晚，为中新世[14]。

现代茶树叶片（真叶）的大小和形态，因品种、季节、树龄、生态环境及农业技术措施不同而有很大差异。常见的叶片形状有椭圆形、卵形、披针形、倒卵形、圆形等。叶缘大都平展，也有波浪形，叶缘有锯齿，一般 16~32 对。叶尖有急尖、渐尖、钝尖和圆尖之分。主脉粗壮明显，侧脉与主脉呈 45°~80°角向外生出，展至边缘三分之二处即向上弯曲呈弧形，与上方侧脉相连，构成封闭网脉系统。侧脉 5~15 对不等，一般 8~9 对，视茶树品种而定。从描述中可以看到，茶树叶片的形态、叶脉构造、侧脉对数及夹角大小、侧脉不达叶缘，并向上弯曲与上方侧脉相连、叶尖形态等特征对比，与宽叶木兰、中华木兰古植物化石有较多的相似之处。所以，推测茶树是在第三纪特定的生态环境中由宽叶木兰经中华木兰演化而来[14]。

1.1.2.2　茶树与五桠果亲缘关系研究

五桠果（*Dillenia indica*）属于山茶亚目、五桠果科，常绿乔木，树皮红褐色，平滑，大块薄片状脱落。嫩枝粗壮，有褐色柔毛，老枝秃净，有明显的叶柄痕迹。叶薄革质，矩圆形或倒卵状矩圆形，先端近于圆形，基部广楔形，不等侧，上下两面初时有柔毛，不久变秃净，仅在背脉上有毛，雄蕊发育完全，外轮数目很多，内轮较少且比外轮长，无退化雄蕊，花药长于花丝，顶孔裂开；花柱线形，顶端向外弯；胚珠每心皮多个。果实圆球形，不裂开，宿存萼片肥厚，稍增大；种子压扁，边缘有毛[31]；喜生山谷溪傍水湿地带。植物形态学上，五桠果的叶脉特征与茶、木兰形态相近，尤其是叶脉特征，五桠果是茶树的祖先这个认知在茶学界影响广泛。2016 年，中国科学院西双版纳热带植物园张顺高在《云南茶叶系统生态学》专著中对茶树由木兰经五桠果进化的推测分析认为，五桠果生长在真正的热带，茶在热带没有自然分布，茶与五桠果的生态区差了一个气候级，茶树是否经由五桠果进化而来还需进一步研究[11]。

1.1.2.3　茶树种间亲缘关系研究

植物分类学家主要从植物形态、分子遗传学进行山茶属种间的界定和分类，至今分类学范围和物种的界定仍存在较多问题。

基于植物形态的分类系统以张宏达、闵天禄系统为代表，随着遗传学技术发展，研究人员开展了大量关于茶属植物的分类学研究。

近年来，分子系统发育树结合植物形态及次生代谢产物的分析取得了一定进展。如 Zhao DW 等依据山茶科 99 种遗传序列进行分子系统发育树分析后，将其分为 10 个组，其中包括茶组 9 个种及变种，与张宏达、闵天禄的分类系统不同，建议老挝茶（*C. sealyana*）、超长梗茶（*C. longissima*）也列入茶组[32]。

近年来，一些茶属植物的叶绿体全基因组陆续发表，包括野生濒危的类群及驯化栽培种，如铁观音（*C. sinensis* var. *sinensis*）[33]、武夷岩茶（*C. sinensis* var. *sinensis*）[34]、茶（*Camellia sinensis*）的栽培变种黔茶 1 号[35] 等，为茶树分子系统发育分析和亲缘关系研究提供了大量且重要的数据。Wu Qiong 等人基于 116 种茶属植物的基因序列，并结合部分从基因组数据库下载的序列筛选了特异性强的关键序列进行分析，结果建议将茶属分为 7 个组，并以高效液相分析 10 种次生代谢产物，发现只有茶组植物具有高水平的次生代谢产物产量，特别是具有代表茶叶品质的儿茶素、咖啡碱等[36]。

从现存古茶树的形态特征差异和渐进过程以及分布广度推测，现今的栽培种——茶（*C. sinensis*）主要是由大理茶（*C. taliensis*）等演变而来的。在长期的栽培驯化过程中，大理茶产生了一些形态特征上的变化，主要体现在叶片由无毛向有毛、柱头由 5 裂向 3 裂、子房由 5 室向 3 室、花萼和幼果由无毛向有毛过渡等[37]。闵天禄[16] 的分类学研究已阐明大理茶的形态特征与普洱茶（*C. sinensis* var. *assamic*，也称为阿萨姆茶、栽培大叶茶）较相似，主要区别在于树体高大，顶芽、幼枝及叶片均无毛，叶片光滑，花柱 5 裂，子房被绒毛，茶多酚、儿茶素和氨基酸含量相对小叶茶和大叶茶偏低。

大理茶资源是仅集中分布于云南的野生茶树资源，在云南现存的野生茶组资源中，大理茶是一种适应性较强、分布广泛、面积大的茶资源，是云南茶树种质资源的重要组成部分。近 20 年来，茶叶市场上出现的"野生乔木茶"和"野生茶"大多数均来自大理茶，随着大量深山老林中大理茶的发现与利用，以及近年野生古树茶的开发，人们无节制的采摘，野生大理茶资源遭到了严重破坏，存在种质资源流失的危险，大理茶的保护与可持续利用已成为亟待解决的问题[37]。

1991 年 3 月，茶叶工作者在云南省普洱市澜沧县拉祜族自治县富东乡邦崴村新寨一园地里发现了一株大茶树，随后经当地茶学会考察，又于 1992 年 9 月经全国茶叶专家实地考察论证，到 1993 年 4 月中国普洱茶国际学术研讨会的实地考察，确认了大茶树既具有野生大茶树的花果种子形态特征，又具有栽培茶树芽叶枝梢的特点，是野生型与栽培型间的过渡类型，属古茶树，当地群众常年采摘制茶，滋味鲜浓，是世界茶树原产地中心地带的一个活坐标[38,39]。这株古茶树同现今栽培的云南大叶种群中最普遍栽培的普洱茶在营养器官部分有着很多相似的性状，其生殖器官部分又类同于原始型野生茶树（大理茶）[40]。这株古茶树由于病虫害发生，树势逐年衰弱，受到了当地政府和村民严密的保护。在野生茶中，大理茶是具有代表性的种，而栽培茶之中普洱茶是广泛栽培利用的种，在野生茶和栽培茶之间的过渡型是否存在新种，是值得调查研究的问题。

利用现存古茶树资源进行茶组植物间的亲缘关系研究，对茶树的遗传进化关系进行梳理，并对其重要的理化指标进行比较分析，对茶树的遗传育种、茶叶加工而言是一项重要而急切的工作。

1.1.3　木质部解剖特征与物种亲缘关系研究现状

植物分类系统主要依据植物的繁殖器官的形态而建立，实践中，植物的根、茎、叶、花、果等器官，在不同的植物类型中，其分类价值是不同的，单独应用一个器官的形态来进行分类是不全面的，木材解剖特征是分类研究中的一项辅助。植物的花、果、叶形态由于环境变化易发生变异，在茶树上，同种变异的性状如藤条、猫耳朵就是短期内气候环境的变化而出现的，而木质部受到气候影响所发生的变异较局限，即具有明确的系统发育保守性[41]。

有关木材解剖的形态变化研究，1917 年 Jeffrey 在木材维管组织的形态进化时有比较全面的分析，1925 年开始，世界著名植物学家、美国科学院院士、哈佛大学教授 Bailey 深入开展了相关研究并形成了木质部解剖特征与进化的系统，对后来的木材解剖研究者影响较大，后续研究者称之为 Baileyan 本质部进化系统。Bailey 认为"双子植物的形成层和木质部在进化过程中的主要趋向是非常可靠肯定的，完全可以用来研究种系发生和分类这个问题"。Bailey 及其学生经过对大量的植物木质部解剖观察所构建的木质部特征与进化系统主要概括为以下 12 条[42-44]：

（1）不具有穿孔的管胞细胞中，是由管胞向纤维管胞进化，最终进化为韧型纤维。

（2）不具有穿孔的管胞细胞进化程度与长度呈反比，长度大的比长度小的原始，长度小的比长度大的先进。

（3）具有分隔的纤维管胞和韧型纤维比不具有分隔的纤维管胞要先进，是一种进化的特征。

（4）导管分子长、直径长、管孔口为多角形的比导管分子短、直径短、管孔口为圆形的要原始。

（5）复管孔和双管孔比单管孔先进，是一种进化的特征。

（6）梯状穿孔比单穿孔原始。

（7）具有横条较多的、穿孔开口较窄的梯状管孔板比横条较少的、穿孔开口较宽的梯状管孔板要原始。

（8）梯状穿孔板有 4 种类型，其中全部具缘最为原始。

（9）导管分子的端壁倾斜较水平的较原始。

（10）导管侧壁的纹孔式由梯状至对列后至互列，体现了进化顺序。

（11）异形射线较同形射线原始。

（12）星散排列的木薄壁组织较各种聚合排列原始，离管薄壁组织比环管薄壁组织原始。

随着分子遗传学的快速发展，种子植物的遗传系统发育分析对传统植物形态学得出的分类系统进行了一些修正，1996 年，著名木材解剖学家 Pieter Baas 依据植物的系统发育分析，通过分析木质部进化过程中木质部进化趋势的平行起源和逆转的可能性和程度，探讨了一些已发表的关于被子植物主要支和个别科的系统发育关系的假说，结果是，对照主要的 Baileyan 木质部进化系统，顺向演化的频率是逆向的两倍以上，而顺向演变的木质部特征，很大程度上可以通过"提高输水系统效率和安全性"的功能来解释其演变[45]。由此可见，木材解剖特征与进化的关系是存在的，但木材解剖特征不仅与进化有关，还和其他因素如木质部功能、生态条件等有关，而且木质部的进化特征也有着可逆的现象。

国内外学者在 Bailey 之后，对木材的导管、穿孔板、木射线等木质部特征及其与进化关系进行了大量的研究[15,46-49]，这些文献的报道均表明，Baileyan 木质部进化系统的主要趋势的普遍有效性是肯定的，但这些趋势不是线性的，而是存在少量的可逆性和不均匀性。木质部的解剖特征的演化不仅跟遗传有确切的联系，也与其生态条件及功能性有明显的相关性。Sherwin Carlquist 首创的"生态"木材解剖学，认为木质部的变化反映了气候和生境变化的选择效应，木质部主要结构特征与生境之间关系更密切，其中关键的木材解剖特征主要包括导管、穿孔板、木射线、导管-木射线间纹孔式、轴向薄壁组织[48,50,51]。比如，Lens Frederic 认为五福花科的进化过程中，气候的差异触发了导管穿孔板由梯状穿孔板至单穿孔的进化[52]。

Marcelo R. Pace 等对无患子目 9 个科中的 8 科 166 属 257 种 422 个样品进行了木材解剖研究，将 23 个木材解剖特征划分到目前的分子发育系统进行比较，由此得出了一些木材性状的进化规则。比如环孔材特征与气候条件关系最密切，而与进化关系不大；轮界薄壁组织随着漆树科-橄榄科-四合椿科（Anacardiaceae-Burseraceae-Kirkiaceae）的演化顺序而消失；径向排列的导管在祖先型物种中未出现，但在后续的演变中多次出现；傍管型轴向薄壁组织随着进化演变由稀疏变为丰富。径向分布的导管仅在漆树科-橄榄科（Anacardiaceae-Burseraceae）类群中出现，创伤性导管只在有些种群出现，射线通常是 2~4 个细胞宽的异形细胞，但有多个谱系进化出同形细胞组成的窄射线或异细胞的宽射线。柱状晶体在漆树科-橄榄科（Anacardiaceae-Burseraceae）中多位于射线中，而在其他分支中多位于轴向薄壁组织中[53]。

在某一类群，比如某一目或某一科内对木材解剖性状的进化进行分析，有较好的比较研究价值，但是要能够收集到一个目或一个科的物种的世界各地的木材标本来进行研究，难度非常大，而针对某一类群的物种的数量太少则削弱了比较研究结果的可靠性。

随着木质部特征数据库（xylem functional traits，XFT）、insidewood 网站等国际化的木材解剖特征数据库和网站的建立，人们获取木材解剖构造的信息越来越容易，全球的木材解剖特征数据都可以在这里汇聚。2014 年，生态学研究者 Steven Jansen 基于这些数据库的数据对 Baileyan 木质部进化系统从两个方面进行了辩证，一是将植物水力学领域的实验数据整合到传统的、比较的木材解剖中；二是穿孔板类型之间演化过渡的可逆性。XFT 数据库证明了穿孔板的形态与平均导管直径高度相关，也解释了梯状穿孔板局限于幼龄材狭小导管和晚材狭小导管的现象，还包括了其他一些木质部解剖特征与生态条件的关系[54]。这说明木质部解剖特征与植物进化及木质部功能性是相关的。木质部进化和转变的过程应该综合生态、解剖、系统发育和生理学数据来检验木质部进化和功能假说。利用日渐完善的发育系统和古环境重建相联系来探索不可逆性的程度仍然是未来研究的挑战[55,56]。

除了上述问题，树木的木质部解剖构造在同一种乃至同一株树木内也是有变异性的。同种树木木材解剖分子的大小和数量的比例是随着树龄和生长条件而变异。在树干中，解剖分子的大小不是经常不变的，而是随着树干的直径和高度而改变的。在树干的一定高度上，初期发育的细胞与后期发育的不同，其差异是由髓心向外逐渐增大，达到某一最大值后保持不变，在某一年轮中的管胞尺寸随树木的高度而变异，由基部至树梢的方向而增大，直达某一最大值为止，然后就开始减小，在同一年轮内，晚材纤维长度比早材长，同时也按不同高度与年轮位置而增加。解剖分子的成分也随着树龄而变化，一般是导管增多，木纤维就减少。解剖分子的大小也随树干高度而发生变化。由于阔叶树材的构造复杂和多样性，所以不容易确定它解剖分子在树干断切面上和沿高树干高度配置的规律。

通过对山茶科茶组植物树干的解剖分析研究发现，茶树年轮中导管百分比随树龄而增加，所以茶树木材的密度，由中心向边缘的方向而减小，从树干的不同高度来分析，茶树导管断面面积与整个茶树年轮面积的比例由基部向梢部增加，而在树冠范围内便降低，所以茶树导管的直径也减少。茶树的导管数目和面积由树干基部向树梢方向逐渐增加是导致木材容积重沿此方向逐渐减小的原因[57]。

由此可见，要利用木材解剖特征印证和研究茶树的起源、进化和亲缘关系，可以在Baileyan 木质部进化系统的基础上，参考其他类群中木材解剖特征与进化的关系进行比较分析，由于古茶树资源的珍稀性，古茶树木材样品的采集比较受限，因此还需对茶树的生态条件、树龄、部位等因素进行综合考虑分析。

1.2 研究意义与创新点

目前，学术界对中华木兰、五桠果、大理茶和普洱茶亲缘进化关系仅是一种科学假设，即最早出现的被子植物是木兰目，经过五桠果目演化成山茶目，而茶树是由山茶目的山茶科山茶属演化而来的。

本研究拟通过对中华木兰、五桠果、大理茶和普洱茶木质部构造特征进行比较研究，为寻找茶树的进化和分类提供木材解剖学实证，以期通过古茶树木质部构造特征为进化亲缘关系研究提供基础参考数据，这对于珍稀古茶树和古茶山资源保护、茶树育种遗传和茶叶加工有着重要的意义。本研究的创新点总结如下：

（1）从木质部解剖及分子系统发育树的角度，对茶界一直存在的茶树经由木兰经五桠果进化的争论提供证据，表明五桠果与茶树不在同一进化分支，茶树经由木兰进化而来，但未经由五桠果进化。

（2）从木材解剖学角度说明茶组及相关植物的亲缘关系由原始到进化为中华木兰、大理茶、普洱茶；而过渡型古茶树木质部构造与大理茶一致，未出现向栽培型进化的特征，由此说明过渡型古茶树为野生茶大理种的同种变异，验证了传统茶学对过渡型茶树认知的不合理性。

1.3　研究技术路线

本研究技术路线如图 1-1 所示。

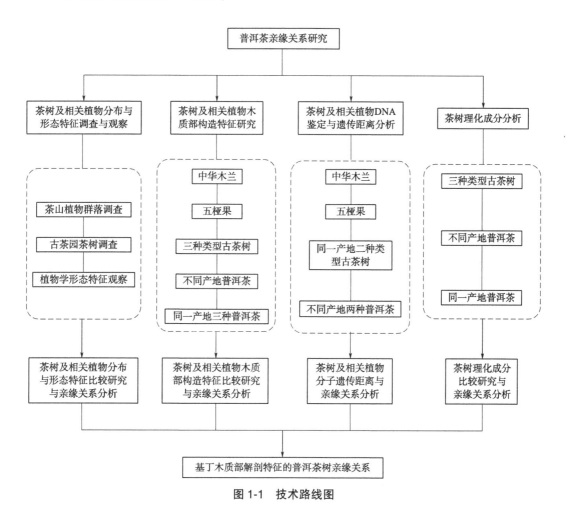

图 1-1　技术路线图

茶山植物群落调查及茶山古茶园茶树调查

2.1 茶山植物群落调查

植物群落学原理主要是指地段和自然条件相关联的植物有规律地生长、组合在某一区域。茶树栽培的群落是由自然植物群落过渡到人工群落[58]。云南是立体气候，植被随海拔和气候类型的变化也呈现出垂直的不同分布类型。在植被类型的垂直分布中，古茶园（树）也呈现出不同海拔地区有不同的茶树种分布群落[59]。目前对古茶树的保护管理方面展开了一些工作，但成效不显著[60]。为挽救古茶树，云南省各级政府一系列的通知、办法纷纷颁布，而具有强制力的法律法规，均只涉及野茶树的保护，不能庇护云南省内其他的古茶树[61]。另外，云南现存的古茶树资源传统上被分为野生型、过渡型、栽培型3种类型[62]，茶树是异花植物，容易杂交而发生很多变异，纵使是遗传性比较稳定的花器官亦不例外。叶片性状更易受环境影响，变异性更大。在茶树分类中必须从大量的材料中通过综合分析，找出其各种差异，再与各种模式标本对照鉴定，最后确定种的归属。如果发现个别的特殊性状，则不能轻易地确定为一个新种或变种，需要做进一步研究[63]。本研究野外调查的野生茶树为大理种。

大理茶种属于山茶科山茶属，是 W. W. Smith 于 1917 年在对采自大理的标本中鉴定出的 1 个新种，根据地名定名为 *T. taliensis*（原学名），后在 1925 年又被 Melchior 订正为 *C. taliensis*，大理茶是栽培茶树的野生近缘种[64,65]。大理茶在其生态环境中形成了一些优势性状，如生长势强，一些内含成分低，抗寒性、抗病性强等。目前，对大理茶已开展了形态结构、分类系统学[66]、遗传多样性[67-70]等研究，杨宗仁[71]等报道了大理茶的理化成分与栽培的大叶茶和小叶茶均十分接近，属于富含咖啡碱和茶多酚的类型，是迄今为止理化成分与栽培茶树最为接近的茶组野生植物。大理茶的地域性分布非常明显，越过哀牢山、元江一线后，其分布急剧减少。大理茶这一明显的分布格局对研究茶树的地理学分布，茶树系统演化和起源有着重要的作用[72]。

2.1.1 调查地点

本研究调查了两个茶山群落分布点,即景洪市勐龙镇陆拉村曼播茶树林(图 2-1)和勐腊县易武镇曼腊丁家寨茶树林(图 2-2)。两座茶山均位于西双版纳自然保护区边沿,村寨几十年以前已被政府安排迁出茶山,和其他茶山人居混杂,现代农业生产和村民生活严重影响茶山群落分布,调查的两座茶山的生态环境数据较为客观。

曼播茶树林调查点位于景洪市勐龙镇陆拉村曼播村附近,地理坐标(GPS)东经 100.51°、北纬 21.56°,生境海拔 1080~1300m,坡向西南坡,生境坡度 20°,地表较湿润,枯枝落叶层厚。

图 2-1　曼播茶树林

图 2-2　曼腊丁家寨茶树林

曼腊丁家寨茶树林调查点位于勐腊县易武镇曼腊丁家寨附近,地理坐标(GPS)东经 101.55°、北纬 22.18°,生境海拔 1550~1560m,坡向北坡,生境坡度 30°,地表较湿润,枯枝落叶层厚。

2.1.2　调查方法

参照地方标准 DB53/T 391—2012《自然保护区与国家公园生物多样性监测技术规程第1部分：森林生态系统及野生动植物》[73]。该标准适用于自然保护区与国家公园生物多样性监测，主要用于集群式分布的物种监测。

在目的物种分布的主要地段设置永久性固定监测样地，样地应兼顾目的物种不同的种群密度合理设置。样地面积 20m×20m；每种类型的监测样地数量应≥3 个，对监测样地进行编号、标记和样方调查[74]。采用"大样地编号–小样方编号–流水号"的方法进行挂牌编码；流水号在每一小样方中从 1 开始按数字顺序编码，每树一号。对于 1.3m 以下有分（干）枝的植株，如其距地面 1.3m 处的直径≥5cm 时，按单独个体对待进行编号及挂牌。记录其与其他个体的关系。

对监测样地进行编号、标记和样方调查[75-77]。种群密度按照式（2-1）计算：

$$D = \frac{N}{S} \tag{2-1}$$

式中：D——种群密度，单位为株（丛）/m^2；

　　　N——样地（带）内某种植物（某龄级）的个体数，单位为株（丛）；

　　　S——样地（带）水平面积，单位为 m^2。

2.1.3　调查结果

勐龙镇陆拉村曼播茶树林群落所在区域的植被类型属于山地雨林。植被总盖度85%，群落层次构造完整，分为乔木层、灌木层、草本层。乔木层盖度 30%，灌木层盖度 40%，草本层盖度 70%。乔木层高度达到 26m，组成物种较丰富，在 900m^2 的样方内，有目的树种普洱茶 47 株，平均高度达到 9m，平均地径接近 30cm。茶树林群落的伴生乔木计 16 株。灌木层高度 1~4m，盖度 40%，组成物种近 50 种，除高度低于 4m 的 3 株茶树外，更多的是伴生乔木幼树和真正的灌木。草本层盖度 70%，组成物种接近 30 种。层间植物也很丰富，种类接近 30 种。

勐腊县易武镇曼腊丁家寨茶树林群落所在区域的植被类型属于南亚热带季风常绿阔叶林。植被总盖度 70%，群落层次构造完整，分为乔木层、灌木层、草本层，乔木层盖度10%，灌木层盖度 60%，草本层盖度 30%。层间植物也较丰富。乔木层平均高达 15m，组成物种较丰富，在 900m^2 的样方内，计乔木树种 10 种。灌木层高度 1~4m，组成物种近20 种，除高度低于 4m 的普洱茶外，更多的是伴生乔木幼树和真正的灌木。草本层组成种类接近 20 种。层间植物也很丰富，常见镰叶西番莲（*Passiflora wilsonii*）等。

两座茶山都位于西双版纳自然保护区边沿，从反映生态环境和植物群落的角度，对三个样方进行了综合分析，茶树林两个地点三个样方范围内的植物物种构成总结如下：3 个900m^2 样方内，记录到维管植物 224 种，隶属于 69 科 126 属，包括蕨类植物 9 科 9 属 10

种，被子植物 60 科 117 属 214 种，其中，双子叶植物 47 科 93 属 185 种；单子叶植物 13 科 24 属 29 种。可以看出，茶树林样方面积 2700m² 范围内，分布维管植物 224 种，该茶树林群落的植物物种组成极为丰富，见表 2-1。

表 2-1　茶树林样方内维管植物统计表

植物类型			科	属	种
蕨类植物			9	9	10
种子植物	裸子植物		0	0	0
	被子植物	双子叶植物	47	93	185
		单子叶植物	13	24	29
维管植物合计			69	126	224

综上所述，茶树林植物物种组成特点是茶树林群落构造完整合理，群落物种组成丰富，充分反映出茶树林群落良好自然的生态环境和自然性。

2.2　茶山古茶园茶树调查

调查方法采用中国普洱茶研究院制定的"古茶树资源普查实施技术方案"进行调查。共进行了 3 次野外考察和样品采集，见表 2-2。

表 2-2　茶树种质资源野外考察收集目录

采集号	考察编号	资源名称	采集地点	样品采集*		采集日期	采集人
				种类	数量		
01	01	冰岛茶树侧枝次生木质部	双江冰岛村	普洱茶树	3	2020 年 11 月 22 日	秦磊、梁涤
02	02	茶树侧枝次生木质部	易武丁家寨	普洱茶树	6	2021 年 1 月 16 日	梁涤、石明
03	03	中华木兰次生木质部	永德塔驮村	中华木兰	2	2021 年 10 月 4 日	梁涤、刘敏
04	4	茶树侧枝次生木质部	永德塔驮村	野生茶树	6	2021 年 10 月 4 日	梁涤、刘敏

注：＊指作为资源保存用的活体材料，如种子用 kg、穗条用根、苗木用株等。

塔驮村古茶园位于永德县亚练乡东北部的塔驮村境内(图 2-3)，茶园面积 5200 亩①，古茶树零星分布在整个行政村辖区内。其是原始型茶树品种(大理茶种)、过渡型茶树品种(杂交型茶种)和栽培型茶树品种(云南大叶种)混合群落；种质遗传基因丰富，几乎涵盖了原始和进化的各种类型，是茶树原产地、茶树驯化和规模化种植发祥地的历史见证和活化石，极具科学价值、景观价值、文化价值和产业价值[78]。2017 年 8 月，云南省农业厅授予云南省高原特色农业"魅力古茶园"称号[79]。冰岛古茶园位于紧邻永德的双江勐库镇冰岛村，勐库是云南勐库大叶种原产地，此品种位排云南大叶品种的榜首，编号为"华茶

---

①　1 亩＝1/15hm²，下同。

12 号 GSCT12",在永德等附近茶山大量栽培和驯化,并扩散至临沧和全省茶区,是代表性茶树品种。

图 2-3   永德县亚练塔驮村古茶园

2.2.1   调查内容

根据需要和考察条件选择以下内容进行调查和样品采集。

2.2.1.1   地理元素

考察地所属的省、县(区)、乡(镇)、村(寨),考察地的小地名,方位,地形,经纬度、海拔高度[80]。经纬度和海拔高度用 GPS 定位仪进行确定。

2.2.1.2   生态因子

(1)植被类型:热带季雨林、雨林区—森林区;热带季雨林、雨林区—农作区;南亚热带常绿阔叶林区—森林区;南亚热带常绿阔叶林区—农作区;中亚热带常绿阔叶林区—森林区;中亚热带常绿阔叶林区—农作区;北亚热带常绿、落叶阔叶林区—农作区;暖温带落叶阔叶林针叶林混交区—农作区[81]。

(2)主要建群植物:乔木层和草本层。

(3)土壤类型:砖红壤、赤红壤、红壤、黄壤、黄棕壤、棕壤和黄绵土等。

(4)气象要素:年平均温度,年降水量,年相对湿度,年日照时数,年极端最高温度,年极端最低温度,≥10℃年活动积温,初霜期,无霜期等[82]。

2.2.1.3   资源护照信息

以下采用访问当地居民和目测法进行。

(1)名称:当地用名、俗名或品种名。

(2)资源考察编号：以省为轴线的考察流水号。

(3)资源类别：野土、地方品种、育成品种、引进品种、品系、育种材料、遗传材料和近缘植物等[83]。

(4)种植方式和培育简史：零星分布或是有株行距的规则种植，并了解种植历史。

(5)分布密度：用一个样方内的株数表示，样方为长×宽的平方米范围。

(6)树体：野生单株的独立观测，有群落的在一个样方内观测最大的 2 株。样方数量随密度而定。

①树高：用 SC-2 测高器测，或用卷尺从根颈部垂直量至主干顶部。

②树幅：用卷尺"十"字形测量树冠(投影)最宽处的距离。

③最低分支高度：从根颈部垂直量至第一次出现主分支处的高度。

④干径/胸径：用钢卷尺测号树干两边的直线距离；乔木型茶树测量胸高 1.3m 处直径。亦可测干围后换算成干径(围径除以 3.14)。

⑤树型：目测，分乔木型、小乔木型、灌木型。

⑥树姿：通过测量或目测的方式判断茶树的树姿，判断标准为：直立——树高显著大于树幅，半开张——树高与树幅相当，开张——树幅显著大于树高。

⑦叶片：从植株上采 10 张成熟叶片进行观测，主要有叶片长宽、叶形、叶脉对数、叶片色泽、叶面隆起程度、叶身夹角状态、叶齿形态、叶基、叶尖、叶缘等。

⑧芽叶：随机采摘 10 个一芽二叶观察芽叶色泽、芽叶茸毛。

⑨嫩枝茸毛：目测或用手持 10 倍放大镜随机观察 5 个嫩枝(半木质化)端部的茸毛有无。观察萼片数和花型。

⑩果实：茶树的果实和种子是资源鉴定和保存的重要材料。野外收集应尽量采收群体中的所有变异类型。在果实成熟期的 10—11 月，摘取发育正常的果实(野生型茶树数量可适当多些)放于种子袋内，种子袋挂藏于室内阴凉处。并随机取发育正常的鲜果实 30 个，观测果实形状、果径和果高、果皮厚度[84]。

(7)穗条或幼苗采集：如是无性繁殖系资源，或遇到采不到果实的单株(在原始林中常有)，则需采集穗条或挖掘幼苗。

(8)生化测定样制作：部分珍稀或有价值的野生茶树资源，在 3—4 月重赴考察地采摘一芽二叶新梢 200g，放于蒸屉上用沸水蒸 2min 左右，再放在焙笼上用炭火(用电炉亦可)焙干；亦可用微波炉(中火，3min)一次制成。

2.2.2 调查方法

2.2.2.1 调查计划的制定

调查计划包括考察任务和目的，目的是为实验室切片收集第一手资料和标本，拟重点收集的资源包括中华木兰和三类茶树的次生木质部标本以及叶子、果实标本；考察地点紧密结合茶山，时间分别以 10—11 月为佳；考察队人员的构成及分工为向导开路、研究生收集标本；还包括考察范围和行进路线，野外调查的内容和方法，活体的采集和临时保存设施，标本采集种类，采集资源长期保存的圃址，资料整理和归档，经费预算和决算等。

2.2.2.2 调查路线的确定

根据调查的任务和目的，重点掌握茶树产地的地理位置、交通线路、地形、植被状况、气象条件、茶树的种类和分布面积、生产历史以及当前茶叶在农业生产中所占的比重等。确定调查的地点、线路以三类茶树集中区为主，时间争取在 1~2 天采集茶树和中华木兰标本。具有相同内容或性质的材料应选择在偏远地区或从未考察过的地区（便于收集到一些稀有或珍贵资源）。考察时间宜在花、果同时均能采集到的 10—11 月份。

2.2.2.3 考察队的组成

考察队由以下人员组成：当地向导和茶协工作人员，考察专业技术骨干 2~4 人。

2.2.2.4 物资设施的准备

（1）交通工具：在公共交通未能到达的地方，应配备越野车。

（2）测量工具：GPS 定位仪，用以定位考察点的地理方位，如经纬度、海拔高度；SC-2 测高器，测量树高度；卷尺和直尺测量干径（围）、芽叶长度、叶片大小、花和果径等[7]。

（3）样品采集箱：野外放置采集样品用，用铁皮或塑钢制成，长 40cm，宽 20cm，高 10~20cm。整体是椭圆形，上面是弧形，中间开一长 30cm 的活动门，这样采到的样品可随手放入，待到驻地处理时，不致失水萎蔫。短时间的保存也可用塑料袋代替。

（4）标本夹：压制蜡叶标本用。用大小一致的两扇木架组成。架长 50~60cm，宽 40~50cm，木条宽 4~5cm，厚 1.0~1.5cm，木条间距 3.0cm，两木架中间放置吸水纸，吸水纸可用吸水性强的土纸、草纸或报纸等，大小与木架大体相等；标本夹系有长约 6~8m 的麻绳或帆布带，用以捆扎。一次考察需带相同规格的标本夹 2 副。

（5）放大镜和望远镜：放大镜用以观察芽体茸毛、虫卵、病菌孢子等。望远镜用于原始林中高大乔木树体（如野生大茶树）顶部的观察以及对附近范围内考察对象的搜索。

（6）摄影器材：高像素数码相机一台，便携式摄像机一部。用以实地记录考察点的生态环境，资源的形态特征以及相关背景资料等。

（7）种子袋：用尼龙网纱或白布制成（可从农用筛网厂购置），用以盛放果实或种子。需要晾干或晒干的种子，可连同网纱袋一起晾晒。

（8）枝剪、小铁铲、镊子：枝剪剪取枝条或穗条用；铁铲用于挖掘苗木或土样，生长锥用于测年轮，镊子用于解剖或观察花器官用。

（9）资源性状调查表：记录考察编号、考察地点、方位、树体、叶片、芽梢、花、果、种子形态特征、抗性及利用状况等（表 2-1）。

（10）考察日志：记录每天考察的活动情况，包括年月日、星期、天气状况、考察人员、考察地点、海拔高度、途经路线、行程（km）、当日工作概要等。

现场调查及相关工作如图 2-4 所示。

图 2-4　现场调查与测量茶树

2.2.2.5　茶树木材样品和茶叶样品收集

用生长锥和钢锯，采集古茶树主干上第一侧枝的次生木质部和茶叶标本，并及时贴标签和分类。对于分类有争议的茶树样本以及孤本等都应重点保管，特别是过渡型茶树。植物学分类鉴定是考察工作的重要组成部分，蜡叶标本又是鉴定的主要依据。一般是将新标本与模式标本对照来确定它的种或变种，在鉴定卡片上写上属名、种名或变种名，并签署鉴定人姓名和日期，鉴定卡片要粘贴在标签边上。如无法与模式标本一致或接近，就可考虑是新种、新变种或新变型，或在该在作物"属名"后面用"sp."表示，意即待定。如茶树用"*Camellia* sp."。

2.2.2.6　调查记录表的整理

对调查表上各个项目进行统计分析。为便于查阅，编写考察收集目录。数据库输入单和调查记载表分别见表 2-3 和表 2-4。

表 2-3　茶树种质资源野外考察数据输入单

数据输入单编号

项目	内容	项目	内容
1. 考察编号		10. 植被	构群主要植物
2. 考察日期	年　月　日	11. 资源类型	野生、地方品种、选育品种、品系、遗传材料、近缘植物
3. 资源名称	产地俗名	12. 繁殖方式	种子育苗、穗条扦插、嫁接
4. 学名		13. 主要形态特征	
5. 采集地点	省、县(区)、乡(镇)、村(寨)、小地名	14. 利用状况	采集地的利用情况
6. 经纬度	度和分	15. 样品采集种类	果实或种子、苗、穗条、蜡叶标本、浸渍标本
7. 海拔高度	m	16. 摄影或摄像	
8. 地形	平坝、山脚、山坡、山凹、山脊、高山平地	17. 考察人	参加实地考察人员，包括地方向导
9. 土类	土壤种类	18. 数据输入人	

表 2-4 茶树种质资源考察调查记载表

考察编号			名称			学名		
生长地点		省 县(区) 镇(乡) 村(寨)				经纬度		
海拔高度/m			植被			土壤		
资源类别		野生地方品种/育成品种/引进品种/品系育种材料/遗传材料/近缘植物/其他						
种植方式			培育简史					
分布密度			树龄			树型	乔木/小乔木/灌木	
树姿		直立/开张/半开张	密/中/稀	嫩枝茸毛	有/无	最低分支高/m		
树高/m		树幅/m		胸部干径/m		基部干径/cm		
叶长/cm		叶宽/cm		叶片大小		小/中/大/特大		
叶形	近圆形/卵圆形/椭圆形/长椭圆形/坡针形		叶色	黄绿/绿/深绿/紫绿		叶基	楔形/近圆形	
叶脉对数		叶身	平/内折/背卷	叶尖	争尖/渐尖/钝尖/圆尖			
叶面	平/微隆起/隆起/强隆起		叶缘	平/微波/波	叶背茸毛	无/少/多		
叶质	柔软/中/硬		叶齿形态		锯齿形/重锯齿形/少齿形			
芽叶色泽	玉白/黄绿/绿/紫绿		芽叶茸毛		无/少/中/多/特多			
萼片数		萼片茸毛	无/有萼片茸毛	萼片色泽	绿/紫/绿紫	花瓣质地	薄/中/厚	
花冠直径/cm		花瓣烤		花瓣色泽		白/微绿/淡红/红斑		
花瓣长/cm×宽/cm		花柱长/cm		雌雄蕊高比		低/等高/高		
花柱开裂数		2裂/3裂/4裂/5裂/5裂以上		花柱裂位	浅/中/深/全	子房茸毛	无/有	
果实大小(果径)/cm			果实形状		球形/肾形/三角形/四方形/梅花形			
果皮厚度/mm			种子形状		球形/半球形/锥形/似肾形/不规则形			
种子直径/cm			种皮色泽	棕色/棕褐色/褐色		百粒籽重/g		
病虫害		耐旱、寒性			利用情况			
影像	照片摄像	采集标本种类		蜡叶浸渍	采集活体种类		穗条种子苗	
调查人/向导			调查日期	年 月 日		天气		

2.2.2.7 摄影或摄像的制作

对每张拍摄的图片根据调查表和考察日志进行核实，再注以文字说明，包括考察编号、时间和拍摄人，按考察编号依次夹入相册或存入电脑。

2.2.2.8 资料归档

资料包括调查表(原始记录)、考察日志、统计计算稿、数据库输入单以及考察总结等。

2.2.3 调查结果与分析

塔驮村古茶园野生型茶树亦称原始型茶树。在系统发育过程中具有原始的特征特性：乔木、小乔木树型，嫩枝少毛或无毛，越冬芽鳞片 3~5 枚，叶大、长 10~25cm、角质层厚，叶背主脉无毛或稀毛，侧脉 8~12 对，脉络不明显，叶面平或微隆起，叶缘有稀钝齿；花梗长 3~6cm，花冠直径 4~8cm，花瓣 8~15 枚、白色、质厚如绢、无毛，雄蕊 70~250 枚，子房有毛或无毛，柱头以 4~5 裂居多，心皮 3~5 室，全育；果呈球形、肾形、柿形等，果径 2~5cm，果皮厚 0.2~1.2cm、木质化、硬韧，果轴粗大呈四棱形，种隔明显；种子较大，种径 1.5~2.6cm，种子球形或锥形，种脊有棱，种皮较粗糙、黑色、无毛，种脐大；长期生长在特定的相对稳定的生态条件下，且多与木兰科、壳斗科、樟科、桑科、桦木科、山茶科等常绿宽叶林混生。经鉴定，植物学分类属于大理茶。由于保守性强，人工繁殖、迁徙成功率较低[85]，但较少罹生病虫害。

塔驮村古茶园栽培型茶树亦称进化型茶树，其特征特性为：灌木、小乔木树型，树姿开张或半开张，嫩枝有毛或无毛，越冬芽鳞片 2~3 个；叶革质或膜质，叶长 6~15cm、无毛或稀毛，侧脉 6~10 对，脉络不明显，叶面平或隆起，叶色多为绿或深绿，少数黄绿色，叶片光泽有或无，叶缘有细锐齿；花 1~2 朵腋生或顶生，花梗长 3~8cm，萼片 5~8 片、无毛或有毛，花冠直径 2~4cm，花瓣 5~8 枚、白色或带绿晕，偶有红晕或黄晕、质薄、无毛，雄蕊 100~300 枚，子房有毛或无毛，柱头以 3 裂居多，亦有 2 裂或 4 裂，心皮 3~4 室，全育，果多呈球形、肾形、三角形，果径 2~4cm，果皮厚 0.1~0.2cm、较韧，果轴较短细，种隔不明显，种子较小，种径在 0.8~1.6cm，呈球形或半球形，种脊无棱，种皮较光滑、棕褐色或棕色、无毛，种脐小；就主体特征看，在植物学分类上属于普洱茶。栽培型茶树是在长期的自然选择和人工栽培条件下形成的，变异十分复杂，它们的形态特征、品质、适应性和抗性差别都很大[86,87]。

采集到的野生型古茶树和栽培型古茶树的形态特征记录见表 2-5 及图 2-5、图 2-6。另外还采集到塔驮村过渡型古茶树样品，其果实、花为野生古茶树的性状，茎、叶、芽的形态与栽培型古茶树一致，从形态学上还难以判断确切物种。

中华木兰取自临沧市永德县古茶园，中华木兰果叶形态图如图 2-7 所示。中华木兰叶卵状，椭圆形，长 8~12.5cm，顶端钝圆，基部钝圆形。叶柄粗壮，保存不完全，叶缘全缘成波状。中脉粗壮，侧脉 9 对左右，以 50°~60°角从中脉生出（不达叶缘），叶基部的夹角略大，近叶缘处连接成环；三次脉网状，在叶缘环结、细脉网状。

表 2-5 野生型和栽培型茶树的主要性状差异

项目	野生型	栽培型
树体	乔木、小乔木，树姿多直立	小乔木、灌木，树姿多开张、半开张
叶片	叶大、长 10~25cm，叶革质较厚脆，叶面平或微隆起，叶缘有稀钝齿或下缘无齿，叶背主脉无毛	大、中、小叶均有，叶长 6~30cm，叶膜质较厚软，叶面多隆起或微隆起，叶缘有细锐齿，叶背主脉多数披毛

（续）

项目	野生型	栽培型
叶片构造	角质层厚，上表皮细胞大，栅栏细胞多为1层，海绵组织比例大，气孔稀疏。硬化细胞多、粗大，多呈树根形或星形，有的延伸至栅栏组织直至上表皮中	角质层薄，上表皮细胞较小，排列紧密，栅栏细胞多为2~3层，海绵组织比例小，气孔较狭小。硬化细胞无或少，呈骨形或短柱形
芽叶	越冬芽鳞片3~5枚或更多。芽叶绿或黄绿色，末端有紫红色，少毛或无毛	越冬芽鳞片2~3枚。芽叶绿、黄绿或淡绿色，多毛或少毛
花冠	直径4~8cm，花瓣8~15枚、白色、质厚	直径2~4cm，花瓣5~8枚、白色或带绿晕，偶有红晕或黄晕，质薄
雄蕊	花丝约70-250条、粗长，花药大，无味	花丝约100~300条、细长，花药小，略有芳香味
雌蕊	子房有毛或无毛。柱头4~5裂或更多，以5裂居多	子房有毛或无毛，多数有毛。柱头2~4裂，以3裂居多
果	果径2~5cm，果皮厚0.2~1.2cm，皮木质化，硬韧，中轴粗大呈星形，果爿明显	果径2~4cm，果皮厚0.1~0.2cm，皮薄，较韧，中轴短细或退化，果爿薄小不明
种子	种径2cm左右，种皮粗糙，褐色或深褐色，有球形、锥形、不规则形，部分种脊有棱，种脐大，下凹后	种径1~2cm，种皮光滑，棕色或棕褐色，多为球形或椭球形，种脐小，稍下凹
花粉	花粉粒大，花粉平均轴径>30μm，近球形或扁球形，外壁纹饰为细网状，萌发孔为狭缝状或带沟状，极赤轴比>0.8；钙含量>10%	花粉粒小，花粉平均轴径<30μm，近球形或球形，外壁纹饰为粗网状，萌发孔为沟状，极赤轴比<0.8；钙含量<5%

（a）花

（b）果实

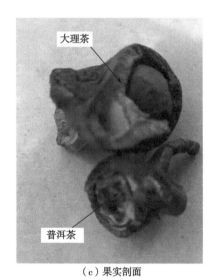
（c）果实剖面

图2-5 大理茶和普洱茶的花与果实

图 2-6 大理茶和普洱茶的芽与叶

图 2-7 中华木兰的树干、果和叶形态图

2.3　本章小结

　　勐龙镇陆拉村曼播茶树林群落所在区域的植被类型属于山地雨林。植被总盖度85%，乔木层盖度30%，有目的树种普洱茶47株，平均高度达到9m，灌木层高度盖度40%，组成物种近50种；草本层盖度70%，组成物种接近30种。层间种类接近30种。勐腊县易武镇曼腊丁家寨茶树林群落所在区域的植被类型属于南亚热带季风常绿阔叶林。植被总盖度70%，乔木层盖度10%，平均高达15m，灌木层盖度60%，组成物种近20种，草本层盖度30%，组成种类接近20种。层间植物常见镰叶西番莲等。两处茶山记录到维管植物224种，隶属于69科126属，包括蕨类植物9科9属10种，被子植物60科117属214种，其中，双子叶植物47科93属185种；单子叶植物13科24属29种。两处茶山茶树林的群落构造完整合理，群落物种组成丰富，充分反映出茶树林群落良好自然的生态环境和自然性。

　　对临沧双江冰岛古茶园和永德县塔驮村古茶园茶树开展调查，采集到野生型古茶树、栽培型古茶树、过渡型古茶树、疑似中华木兰植物样品，进行植物形态学鉴定，野生型古茶树鉴定为大理茶，栽培型古茶树鉴定为普洱茶，过渡型古茶树未能判定物种，疑似中华木兰经形态学鉴定为中华木兰。

3 中华木兰与五桠果木质部解剖构造比较分析

本章以中华木兰和五桠果为研究对象，通过显微技术方法对两种树种进行解剖实验研究，主要从导管的各个微观特征上来探索两个树种在次生木质部解剖构造上的区别与联系，从解剖学的角度来证明前人对中华木兰和五桠果的进化关系的推断。

3.1 材料与方法

3.1.1 材　料

中华木兰取自临沧市永德县古茶园，如上一章所述。

五桠果取自西双版纳傣族自治州勐腊县保护区，五桠果叶片形态图如图 3-1 所示，叶薄革质，矩圆形或倒卵状矩圆形，长 15~40cm，宽 7~14cm，先端近于圆形，有长约 1cm 的短尖头，基部广楔形，不等侧，上下两面初时有柔毛，不久变秃净，仅在背脉上有毛，侧脉 25~56 对，干后上下两面均突起，脉间相隔 5~8mm；第二次支脉近于平行，与第一次侧脉斜交，脉间相隔 2mm，在下面与网脉均稍突起，边缘有明显锯齿，齿尖锐利；叶柄长 5~7cm，有狭窄的翅，基部稍扩大，多少被毛。

图 3-1　五桠果的叶片形态图

3.1.2 方 法

3.1.2.1 设 备

主要仪器设备包括：Nikon ECLIPSE 80i 生物数码显微镜(卡尔·蔡司公司股份公司，德国)、蔡司 Discovery. V8 体视数码显微镜(卡尔·蔡司公司股份公司，德国)、Leica 2000R 滑走式切片机(徕卡微系统有限公司，德国)，其他简单器具主要包括：高压锅、镊子、载玻片、盖玻片、甘油、毛笔等。

3.1.2.2 化学试剂

浓度为 25%、50%、95%、100% 的乙醇溶液，正丁醇，二甲苯，1% 番红溶液，中性树胶，过氧化氢 30%，冰乙酸(过氧化氢与冰乙酸 1∶1 混合所制备)等。

3.1.2.3 切片方法

(1)取样：取规格为 1cm×1cm×1cm 的试样木块，在解剖镜下修出三个切面，修横切面时，切面与纵轴垂直，修弦切面和径切面时，弦切面应与木射线垂直，径切面与木射线平行[88]。将修好的试块放入到装有蒸馏水的烧杯中，并将烧杯置于真空泵中进行抽真空，直到木块沉底；取出沉底的木块，放入高压锅中水煮 3~5h，直到试块充分软化。将每个样本切成小块状，在高压锅中蒸煮软化，6~12h 后取出待用[89]。

(2)切片：将软化好的试样放入培养皿中，调整好切片及角度，安装好刀片，切片过程中注意找准不同切面及切削方向，切片在 10~15μm，将切好的切片放在显微镜下观察区分三切面，挑选合适厚度切片。

(3)染色：将切好的切片放入染色盒标记，然后将染色盒放入配制好的 1% 浓度的藏红溶液中，等待 6~12h。

(4)脱水：将切片从染色盒中取出，再依次放入不同浓度的乙醇溶液中，顺浓度梯度在每个浓度中停留 5min，然后放入正丁醇溶液中依次脱水脱脂，最后放入二甲苯溶液中透明处理 3min。

(5)粘片：将切片按照横切面、径切面、弦切面依次平铺在洁净载玻片上，滴上中性树胶，盖上盖玻片，排出气泡，最后用铁块压上。待树脂胶凝固后将切片放入切片盒待用。

3.1.2.4 离析方法

(1)制样：将试样截成火柴棍大小，放入试管中，再加乙酸-30% 过氧化氢(1∶1)配置的离析液并没过试样，用橡胶塞堵住试管，在水浴锅中水浴加热 2~6h，直至变成纯白色的纤维即可。

(2)数据测量：将煮好的茶树试管取出，用蒸馏水稀释离析液，降低离析纤维气味以便后续制片。用滴灌吸取适量纤维置于载玻片上，使其尽量分散，便于观察及测量数据。制作好的切片依次测量导管长度、宽度、壁厚，木纤维长度、宽度、腔径、双壁厚，木射线高度、宽度等[90]。用生物数码显微镜测量每种细胞的测量数据时要有一定的数量，本试验中对每组玻片上的试样测量了100个数据，取最大值、最小值和平均值，然后进行数据分析。

3.1.2.5　拍照要求

（1）切片样片要求如下：

宏观特征：以肉眼在放大镜辅助进行宏观观察，记录项目有心边材颜色及区分情况、早晚材过渡情况、生长轮分布情况等。

微观特征：横切面上要拍一个完整的生长轮，照片髓心向下不可歪斜。拍到管孔形式，早晚材，以及管孔内物质即可；径切面上特殊构造有导管–射线间纹孔式、穿孔类型、射线薄壁组织节状加厚、螺纹加厚、管间纹孔式、内含物等[91]；弦切面上拍出木射线形态(异形射线类型)以及测量各项数据，进行分析比较。记录项目主要有导管分布类型、导管组合、轴向薄壁组织、穿孔板、管间纹孔式、导管射线间纹孔式、木射线细胞宽度和高度、木射线类型、胞间道、纹理等。

（2）离析样片要求如下：

拍照时拍出导管、木纤维、薄壁组织等的微观形态，再测量导管木纤维各项数据，分别进行分析比较。

3.1.2.6　图像处理

用生物数码显微镜拍照系统，分别对茶树样本中华木兰、五桠果进行三切面拍照，识别出茶树样本三切面特征拍照留用，进行数据处理，图像分析。

3.2　中华木兰次生木质部解剖构造分析

3.2.1　宏观特征分析

木材灰白色，心边材区别不明显，髓心似泡沫状；有光泽；有明显臭味，无特殊滋味；生长轮明显；轮间晚材带色深；宽度不均匀，每厘米3～5轮。管孔在肉眼下不明显，在放大镜下可见，大小一致，分布略均匀；散生。轴向薄壁组织肉眼未见，在放大镜下明显，环管束状。木射线中至密，细至中，肉眼下可见，放大镜下明显。样品如图3-2所示。

图3-2　中华木兰实物样品图

3.2.2 微观特征分析

中华木兰的木材三切面微观构造如图3-3所示。

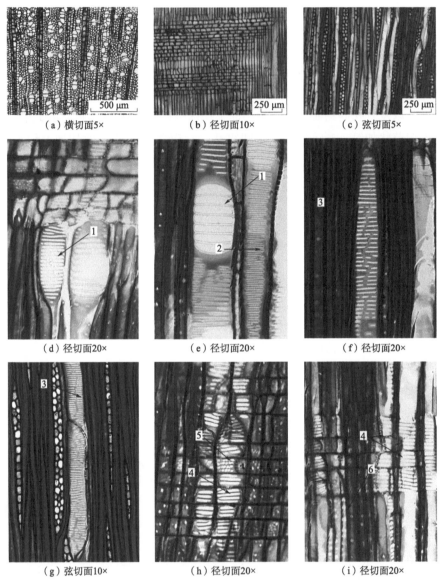

（a）横切面5×　　　　　（b）径切面10×　　　　　（c）弦切面5×

（d）径切面20×　　　　　（e）径切面20×　　　　　（f）径切面20×

（g）弦切面10×　　　　　（h）径切面20×　　　　　（i）径切面20×

1—梯状穿孔；2—管间纹孔式为梯状纹孔；3—管间纹孔式为对列纹孔；
4—导管-射线间纹孔式为梯状纹孔；5—导管-射线间纹孔式为卵圆形；6—木纤维上的具缘纹孔。

图3-3　中华木兰三切面微观构造图

3.2.2.1 导管显微及形态特征

散孔材，导管横切面多数为多边形，少数为卵圆形，单管孔、径列复管孔（通常2~3个）及管孔链（4~7个），稀呈管孔团［图3-3（a）］；管孔频率59个/mm²；管孔弦向直径最

大 69.61μm 或以上，最小弦向直径 23.59μm 或以下，平均 47.92μm；导管壁厚 0.75～
3.35μm，平均 2.02μm；导管分子长 200.00～1013.50μm，平均 783.87μm，其具体特征值
见表 3-1。

表 3-1　中华木兰细胞形态特征值

细胞形态特征	最大值/μm	最小值/μm	平均值/μm	标准差	方差
导管长度	1013.50	200.00	783.87	122.83	15088.03
导管直径	69.61	23.59	47.92	8.71	75.92
导管壁厚	3.35	0.75	2.02	0.53	0.28
木纤维宽度	29.45	7.67	17.06	3.84	14.73
木纤维长度	1832.84	534.48	1189.70	259.63	67405.33
木纤维腔径	27.66	7.07	15.19	4.27	18.20
木纤维双壁厚	14.87	3.16	8.47	2.30	5.29
木射线高度	1569.64	179.70	560.85	307.53	94574.04
木射线宽度	81.88	18.25	47.62	12.45	155.07

导管上的穿孔板为梯状穿孔，如图 3-3(d)(e) 所示，横隔数 5～23 条，多数 12 条；管
间纹孔式为梯状[图 3-3(e)]及对列[图 3-3(f)(g)]。导管-射线间纹孔式如图 3-3(h)(i)
所示，图中 4 为梯状，5 为卵圆形。

导管分子为纺锤形，主要有两种形态，如图 3-4(a)所示，一种为两端椭圆形，一种为
两端尖削形。

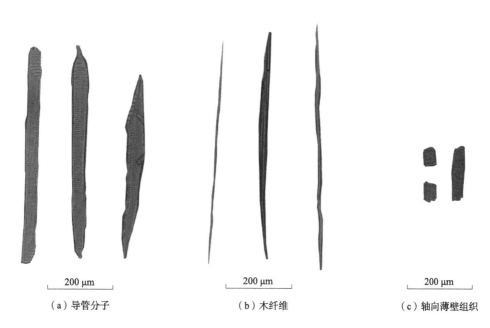

200 μm	200 μm	200 μm
（a）导管分子	（b）木纤维	（c）轴向薄壁组织

图 3-4　中华木兰细胞几何形态特征图

3.2.2.2 轴向薄壁组织显微及形态特征

轴向薄壁组织量少，主要类型为稀疏环管状，内含物偶见。轴向薄壁组织的几何形态，主要为长条形及方形，如图3-4(c)所示。

3.2.2.3 木纤维显微及形态特征

木纤维壁厚，木纤维两头尖削，呈长纺锤形，腔小壁厚，木纤维双壁厚多数为3.16~14.87μm，平均8.47μm；木纤维长度多数为534.48~1832.84μm，平均1189.70μm；木纤维宽度多数7.67~29.45μm，平均17.06μm，属于中等水平；腔径多数为7.07~27.66μm，平均15.19μm，其具体特征值见表3-1。

木纤维上的纹孔为具缘纹孔，如图3-3(i)所示，木纤维类型为纤维状管胞，其几何形态如图3-4(b)所示，主要为两端尖削，呈纺锤形。

3.2.2.4 木射线显微及形态特征

木射线非叠生，单列及多列，单列木射线较少，高2~9个细胞，主为多列射线，宽2~3个细胞，多数宽2个细胞，射线宽18.25~81.88μm，平均47.62μm；射线高平均560.85μm，有时多列部分与单列等宽，射线组织异形Ⅱ型，偶见异形Ⅰ型，显微图片如图3-3所示。

3.3 五桠果次生木质部解剖构造分析

3.3.1 宏观特征分析

木材红褐色或红褐色带紫色，心边材区别不明显；有光泽；无特殊气味和滋味；生长轮不明显；散孔材；宽度略均匀。管孔在肉眼下可见，大小中等，在放大镜下可见，大小不一致，分布略均匀；散生。轴向薄壁组织未见。木射线中至略密，极细至略宽，肉眼下可见，放大镜下明显。样品如图3-5所示。

图3-5 五桠果实物样品图片

3.3.2 微观特征分析

五桠果的木材三切面微观构造如图3-6所示。

3.3.2.1 导管显微及形态特征

散孔材，导管横切面圆形、卵圆形及多边形，多数单管孔，径列复管孔数少，通常2~3个，管孔频率40个/mm²。管孔弦向直径最大97.17μm或以上，最小弦向直径

32.45μm 或以下，平均 61.81μm；导管壁厚 2.24~6.33μm，平均 4.10μm；导管分子长 631.81~1701.43μm，平均 1079.63μm。其具体特征值见表 3-2。

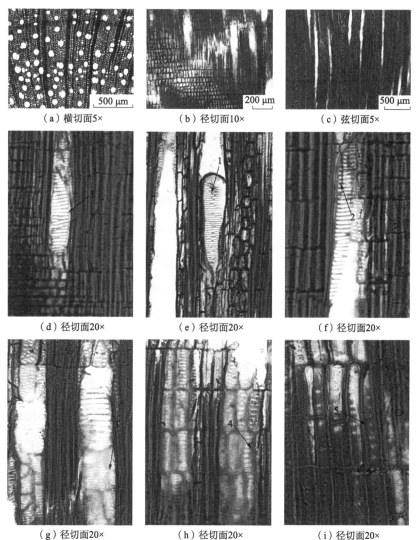

（a）横切面5×　　　　　　（b）径切面10×　　　　　　（c）弦切面5×

（d）径切面20×　　　　　　（e）径切面20×　　　　　　（f）径切面20×

（g）径切面20×　　　　　　（h）径切面20×　　　　　　（i）径切面20×

1—梯状穿孔；2—管间纹孔式为梯状纹孔；3—管间纹孔式为对列纹孔；
4—导管–射线间纹孔式为横列刻横状；5—木纤维上的具缘纹孔。

图 3-6　五桠果三切面微观构造图

表 3-2　五桠果细胞形态特征值

细胞形态特征	最大值/μm	最小值/μm	平均值/μm	标准差	方差
导管长度	1701.43	631.81	1079.63	228.86	52374.84
导管直径	97.17	32.45	61.81	13.10	171.62
导管壁厚	6.33	2.24	4.10	0.96	0.92

（续）

细胞形态特征	最大值/μm	最小值/μm	平均值/μm	标准差	方差
木纤维宽度	21.54	7.00	11.39	2.57	6.59
木纤维长度	2790.65	608.14	1614.17	443.04	196282.91
木纤维腔径	11.40	2.83	7.20	1.82	3.30
木纤维双壁厚	15.70	2.00	6.90	2.57	6.62
木射线高度	1292.39	278.74	610.29	280.31	78576.15
木射线宽度	24.19	6.71	14.23	3.82	14.56

导管上的穿孔板为梯状穿孔，如图3-6(d)(e)所示，横隔数5~35条，多数20条，同时梯状穿孔中间的横隔出现分支，向对列方向发展，间或梯状–网状，如图3-6(e)所示；管间纹孔式为梯状[图3-6(f)]及对列[图3-6(g)]。导管–射线间纹孔式如图3-6(h)所示，为大圆形、横列刻痕状。

导管分子的几何形态主要为纺锤形，两端尖削，如图3-7(a)所示。

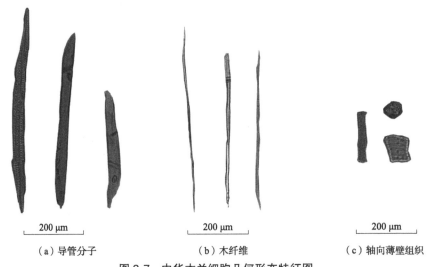

（a）导管分子　　　　　　（b）木纤维　　　　　　（c）轴向薄壁组织

图3-7　中华木兰细胞几何形态特征图

3.3.2.2　轴向薄壁组织显微及形态特征

轴向薄壁组织主要为稀疏环管状和轮界状。轴向薄壁组织的几何形态，主要近似长方形，如图3-7(c)所示。

3.3.2.3　木纤维显微及形态特征

木纤维壁厚，木纤维两头尖削，呈长纺锤形，腔小壁厚，木纤维双壁厚多数为2.00~15.70μm，平均6.90μm；木纤维长度多数为608.14~2790.65μm，平均1614.17μm；木纤维宽度多数7.00~21.54μm，平均11.39μm，属于中等水平；腔径多数为2.83~11.40μm，平均7.20μm，其具体特征值见表3-2。

木纤维上的纹孔为具缘纹孔，如图3-6(i)所示，木纤维类型为纤维状管胞，木纤维的几何形态，主要为纺锤形，两端尖削，如图3-7(b)所示。

3.3.2.4 木射线显微及形态特征

木射线非叠生，有大小不同的两类射线，单列木射线居多，多列木射线宽6.71～24.19μm，多数3~4个细胞，平均14.23μm，射线异形Ⅱ型，偶见异形Ⅰ型。木射线高度大于1mm，平均610.29μm，射线高度超出切片范围，射线细胞常含树胶，如图3-6(c)所示。

3.4 中华木兰与五桠果次生木质部构造比较分析

经上述分析，中华木兰和五桠果在次生木质部微观构造特征和细胞形态上均存在一定的区别。

3.4.1 导管显微特征的区别

(1)管孔类型：中华木兰和五桠果导管类型主为多边形，偶见卵圆形。

(2)管孔组合及管孔频率：图3-8所示为中华木兰和五桠果管孔组合，中华木兰管孔组合主为径列复管孔(通常2~3个)及管孔链(3~7个)，稀呈管孔团[图3-8(a)]，单管孔较少，而五桠果主为单管孔，径列复管孔少[图3-8(b)]。管孔频率方面，中华木兰59个/mm²，五桠果40个/mm²，中华木兰较五桠果密集。

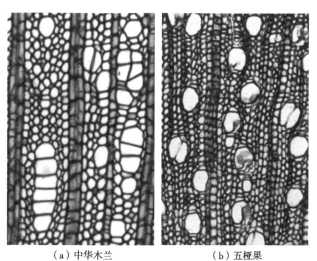

（a）中华木兰　　　　　　　　（b）五桠果

图3-8　中华木兰和五桠果管孔组合对比图

(3)穿孔板：如图3-9中1~3所示，1、2为中华木兰的穿孔板类型，3为五桠果穿孔板类型，从图中可以明显看出，二者均为梯状穿孔，但是五桠果的穿孔板横隔出现了分支，向对列发展，间或梯状-网状。二者的穿孔板横隔数方面，五桠果较中华木兰多，中华木兰平均12条，五桠果平均20条。

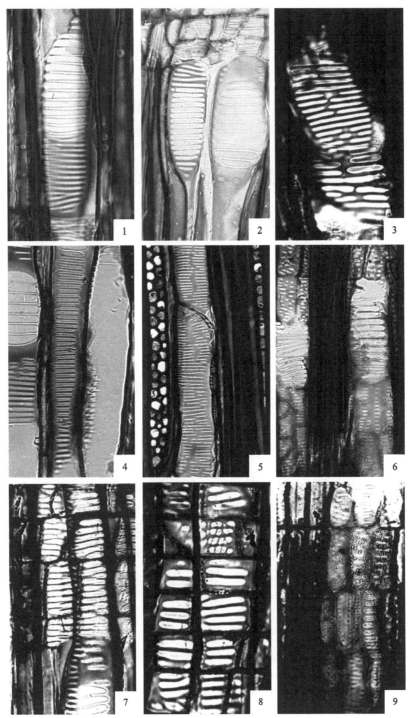

1、2—中华木兰导管穿孔板为梯状穿孔；3—五桠果导管穿孔板为梯状穿孔，出现分支；
4、5—中华木兰管间纹孔式为梯状纹孔和对列纹孔；6—五桠果管间纹孔式短梯状和短对列；
7、8—中华木兰导管-射线间纹孔式为梯状纹孔；
9—五桠果导管-射线间纹孔式大圆形、横列刻痕状。

图 3-9　中华木兰和五桠果微观构造对比图

（4）管间纹孔式：如图3-9中4~6所示，4、5为中华木兰的管间纹孔式，图6为五桠果的管间纹孔式，从图中可以明显看出，4为梯状纹孔，5为对列纹孔，6为短梯状或短对列纹孔，从中华木兰到五桠果，纹孔排列出现了梯状向对列、对列向短对列的进化趋势。

（5）导管-射线间纹孔式：如图3-9中7~9所示，7、8为中华木兰的导管-射线间纹孔式，9为五桠果的导管-射线间纹孔式，从图中可以明显看出，7为梯状纹孔，8为梯状和圆形纹孔，9为大圆形、横列刻痕状。从中华木兰到五桠果，导管-射线间纹孔式从梯状向大圆形、横列刻痕状的趋势进化。

（6）导管直径和长度：图3-10为导管细胞形态特征值，图表数据可以直观地看出两种树种在导管各项指标上的区别，体现树种之间的细胞差异。从图3-10中可以看出，五桠果的导管长度、直径、壁厚均大于中华木兰的各个特征值。根据次生木质部解剖构造的进化理论分析，中华木兰的导管直径较小，说明其树种较五桠果原始，五桠果在中华木兰的基础上进一步得到了进化。

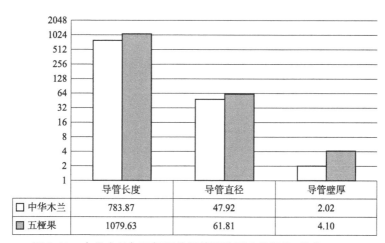

	导管长度	导管直径	导管壁厚
□ 中华木兰	783.87	47.92	2.02
■ 五桠果	1079.63	61.81	4.10

图3-10　中华木兰与五桠果的导管细胞形态特征值（单位：μm）

导管显微特征主要从横切面的管孔分布、类型、组合、频率；穿孔板类型、横隔数；管间纹孔式和导管-射线间纹孔进行对比分析，具体见表3-3：

表3-3　中华木兰与五桠果的导管显微特征对比

树种	管孔				穿孔板		管间纹孔式	导管-射线间纹孔
	分布	类型	组合	频率/（个/mm²）	类型	平均横隔数		
中华木兰	散孔材	主为多边形，偶见卵圆形	径列复管孔及管孔链，稀管孔团和单管孔	59	梯状穿孔	12	梯状纹孔与对列纹孔	梯状纹孔和圆形纹孔
五桠果	散孔材	主为多边形，偶见卵圆形	单管孔，径列复管孔少	40	梯状穿孔	20	短梯状或短对列纹孔	大圆形、横列刻痕状

3.4.2 木纤维显微特征的区别

中华木兰和五桠果在木纤维上的区别主要是细胞形态特征值上的区别，如图 3-11 所示，中华木兰的木纤维的宽度、腔径和壁厚均大于五桠果，但是木纤维的长度较五桠果的小。

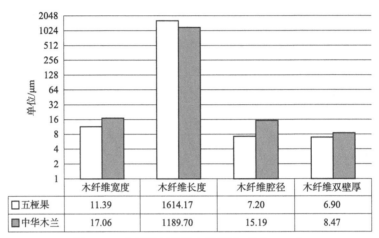

	木纤维宽度	木纤维长度	木纤维腔径	木纤维双壁厚
□ 五桠果	11.39	1614.17	7.20	6.90
■ 中华木兰	17.06	1189.70	15.19	8.47

图 3-11　木纤维细胞形态特征值（单位：μm）

3.4.3 木射线显微特征的区别

（1）木射线类型：中华木兰木射线组织类主要为异形Ⅱ型，偶见异形Ⅰ型；五桠果有两种射线组形成，为异形单列及异形多列，多列主要为异形Ⅱ型，偶见异形Ⅰ型。

（2）木射线组成：中华木兰主为多列，单列较少；五桠果单列居多，多列较少。

（3）木射线高度：中华木兰木射线高度较五桠果低，五桠果多列木射线高度超出切片范围。具体如图 3-12 所示。

（a）中华木兰　　　（b）五桠果

图 3-12　中华木兰和五桠果木射线对比图

3.5 本章小结

3.5.1 小 结

经过本章对中华木兰和五桠果木质部解剖构造特征的深入分析，基于 Baileyan 木质部进化系统，得出的进化结果如下：

(1)导管直径：中华木兰的管孔弦向直径小于五桠果，且中华木兰管孔频率较五桠果密集，二者均表明中华木兰更为原始。

(2)管孔组合：中华木兰的管孔为管孔链及径列复管孔，数较多，且具多边形轮廓；五桠果管孔主为单管孔，径列复管孔较少，主为圆形及卵圆形。根据管孔链较复管孔和单管孔原始、多边形轮廓较圆形原始表明，五桠果在管孔组合上较中华木兰得到了进化。

(3)管间纹孔式：从中华木兰到五桠果，纹孔排列出现了梯状向对列、对列向短对列的进化趋势。

(4)穿孔板类型：从中华木兰到五桠果，穿孔板类型从梯状穿孔向梯状-网状趋势发展，并且五桠果的穿孔板的横隔大多数出现分支，从穿孔板类型的显微特征上表明的五桠果在不断进化。

(5)导管-射线间纹孔式：从中华木兰到五桠果，导管-射线间纹孔式从梯状向大圆形、横列刻痕状的趋势进化。

综合中华木兰与五桠果的导管分子、穿孔板类型、管间纹孔式、导管-射线间纹孔式、穿孔板横隔数、管孔组合、木纤维及木射线等各项特征分析，结果表明中华木兰均较五桠果原始，进一步佐证了前人对中华木兰和五桠果的进化关系的推断。另外，研究还发现这两个树种在穿孔板横隔数上存在着与进化理论相悖的情况，中华木兰的穿孔板分隔数为 12 个，而五桠果的穿孔板分隔数为 20 个，这一点同样验证了部分学者认为的，木材解剖的原始性和进化性不一定在每一个特征上都是互为因果关系或平衡演化的。所以，本章的研究内容进一步验证了被子植物在进化过程中木质部特征变化的不均匀性理论。

3.5.2 讨 论

中华木兰较五桠果原始，但是导管特征中，中华木兰梯状穿孔板的横隔数较五桠果的少，与 Baileyan 木质部进化系统中"梯状穿孔横隔数越多越原始"的理论相悖，其原因可能是所取的中华木兰样品的穿孔板横隔数得到了一定的进化，而五桠果的样品中穿孔板的横隔数没有发生太大的进化，但其他特征均已经发生进化，可见树种木质部进化特征存在不均匀性，也可能存在如取样部位、生境差异等其他原因。

本章研究的中华木兰与五桠果的木质部解剖特征差异性所反映的植物进化过程中植物细胞特征进化的不均匀性，对木材解剖学、木材鉴定和木质部特征进化的研究提出新的参考依据和补充。

4 五桠果与同一产地三种古茶树木质部解剖构造比较分析

在云南省临沧市永德县古茶园的同一茶山上采集野生型、过渡型、栽培型三种古茶树样品,其中野生型鉴定为大理茶,栽培型鉴定为普洱茶,过渡型未能判定树种。分析这三种古茶树木材解剖特征,可得出茶树进化过程中木质部构造的变化规律,与 Baileyan 木质部进化系统相印证,并探索五桠果与三个不同阶段的古茶树在次生木质部解剖构造上的区别与联系。

4.1 材料与方法

4.1.1 材 料

五桠果取至西双版纳傣族自治州勐腊县保护区,野生型古茶树、过渡型古茶树和栽培型古茶树试样均取至临沧市永德县古茶园。

4.1.2 方 法

4.1.2.1 宏观特征

具体方法同 3.1.2。

4.1.2.2 微观特征

具体方法同 3.1.2。

4.2 野生型古茶树次生木质部解剖构造分析

4.2.1 宏观特征分析

野生型古茶树实物样品如图 4-1 所示,木材浅红褐色,心边材区别不明显;有光泽;

无特殊气味和滋味；生长轮明显；轮间晚材带红褐色；宽度不均匀，每厘米 8~22 轮。管孔在肉眼下不明显，在放大镜下可见，大小一致，分布略均匀；散生。轴向薄壁组织肉眼未见，在放大镜下略明显，星散状。木射线中至密，细至中，肉眼下可见，放大镜下明显。

图 4-1　野生型古茶树实物样品图

4.2.2 微观特征分析

野生型茶树三切面微生构造如图 4-2 所示。

4.2.2.1 导管显微及形态特征

半环孔材，导管横切面具多边形轮廓，单管孔及复管孔(2~3 个)，管孔频率 366 个/mm²，如图 4-2(a)所示；管孔弦向直径最大 38.24μm 或以上，最小弦向直径 11.77μm 或以下，平均 26.78μm；导管壁厚 0.98~3.48μm，平均 2.02μm；导管分子长 503.77~1214.26μm，平均 867.48μm，具体参数见表 4-1。导管分子为纺锤形，如图 4-3(a)所示。

导管上的穿孔板为梯状穿孔，如图 4-2(d)所示，横隔数 8~29 条，多数 12 条，穿孔板横隔常见分支；少数为梯状穿孔至对列及互列，如图 4-2(e)所示；管间纹孔式为对列及互列纹孔[图 4-2(f)]。梯状纹孔[图 4-2(g)]。

导管-射线间纹孔式如图 4-2(h)所示，图中 5 为横列刻痕状，6 为卵圆形。

4.2.2.2 轴向薄壁组织显微及形态特征

轴向薄壁组织为星散状、星散聚合状及稀疏环管状，内含物偶见。轴向薄壁组织的几何形态，主要为类似方形及长方形，如图 4-3(c)所示。

4.2.2.3 木纤维显微及形态特征

木纤维双壁厚多数为 4.73~17.78μm，平均 10.09μm；木纤维长度多数为 618.18~2044.68μm，平均 1227.66μm；木纤维宽度多数 6.37~17.12μm，平均 11.01μm，属于中等水平；木纤维腔径多数为 2.45~7.84μm，平均 4.31μm。木纤维的长宽比是 111，壁腔比是 2.3。其具体特征值见表 4-1。

表 4-1　野生型古茶树细胞形态特征值

细胞形态特征	最大值/μm	最小值/μm	平均值/μm	标准差	方差
导管长度	1214.26	503.77	867.48	161.73	26156.49
导管直径	38.24	11.77	26.78	5.39	29.00
导管壁厚	3.48	0.98	2.02	0.55	0.30
木纤维宽度	17.12	6.37	11.01	2.11	4.46
木纤维长度	2044.68	618.18	1227.66	263.35	69352.14
木纤维腔径	7.84	2.45	4.31	1.02	1.04

（续）

细胞形态特征	最大值/μm	最小值/μm	平均值/μm	标准差	方差
木纤维双壁厚	17.78	4.73	10.09	2.70	7.29
木射线高度	885.08	141.51	397.84	194.93	37997.07
木射线宽度	48.00	18.00	26.72	4.94	24.38

木纤维上的纹孔为具缘纹孔，如图 4-2(i) 所示，木纤维类型为纤维状管胞，其几何形态如图 4-3(b) 所示，主要为两端尖削，呈纺锤形。

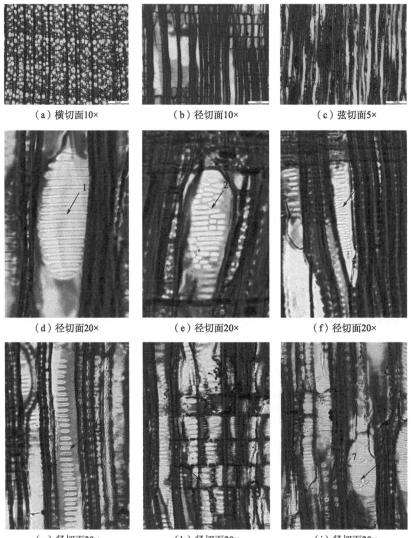

（a）横切面10×　　　　　（b）径切面10×　　　　　（c）弦切面5×

（d）径切面20×　　　　　（e）径切面20×　　　　　（f）径切面20×

（g）径切面20×　　　　　（h）径切面20×　　　　　（i）径切面20×

1—梯状穿孔；2—穿孔为梯状、对列和互列；3—管间纹孔式为对列及互列纹孔；
4—管间纹孔式为梯状纹孔；5—导管–射线间纹孔式为刻痕状；
6—导管–射线间纹孔式为卵圆形；7—木纤维上的具缘纹孔。

图 4-2　野生型古茶树三切面微观构造图

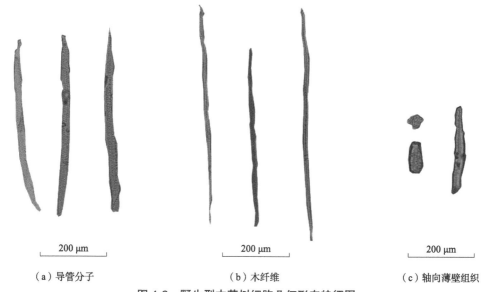

（a）导管分子　　　　　　　（b）木纤维　　　　　　　（c）轴向薄壁组织

图4-3　野生型古茶树细胞几何形态特征图

4.2.2.4　木射线显微及形态特征

木射线非叠生，单列射线极少，为异形单列；多列射线宽 2～3 个细胞（18.00～48.00μm），高 5～17 个细胞（141.51～885.08μm），多数 15 个细胞（397.84μm）。射线组织为异形 I 型、异形 II 型，偶见异形 III 型。射线细胞内含大量树胶，晶体未见，油细胞或黏液细胞未见。如图 4-2（c）所示。木射线的具体特征值见表 4-1。

4.3　过渡型古茶树次生木质部解剖构造分析

4.3.1　宏观特征分析

木材浅黄褐色，心边材区别略明显；有光泽；无特殊气味和滋味；生长轮明显；轮间晚材带色深；宽度不均匀，每厘米 7～12 轮。管孔在肉眼下明显，在放大镜下可见，大小一致，分布略均匀；散生；轴向薄壁组织未见。木射线密至甚密，甚细至中，肉眼下可见，放大镜下明显。实物样品如图 4-4 所示。

4.3.2　微观特征分析

过渡型古茶树三切面微观构造如图 4-5 所示。

图4-4　过渡型茶树实物样品图

4.3.2.1 导管显微及形态特征

半环孔材，导管横切面具多边形轮廓，单管孔及复管孔（2~3 个），管孔频率 185 个/mm²，如图 4-5(a) 所示；管孔弦向直径最大 48.20μm 或以上，最小弦向直径 13.09μm 或以下，平均 31.84μm；导管壁厚 0.49~5.22μm，平均 2.92μm；导管分子长 436.85~1266.89μm，平均 832.70μm，具体特征值见表 4-2。导管分子为纺锤形，如图 4-6 (a) 所示。

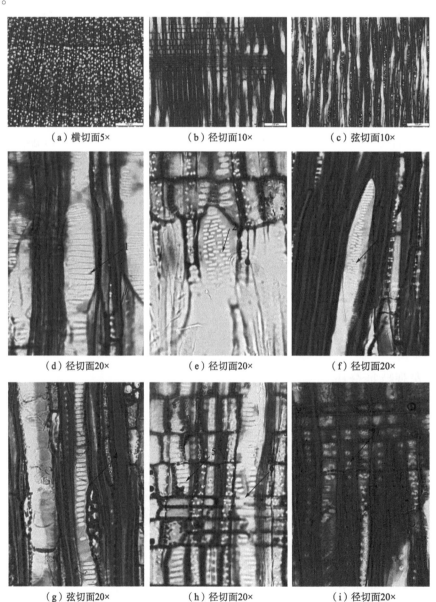

（a）横切面5× （b）径切面10× （c）弦切面10×

（d）径切面20× （e）径切面20× （f）径切面20×

（g）弦切面20× （h）径切面20× （i）径切面20×

1—梯状穿孔；2—穿孔为对列和互列；3—管间纹孔式为梯状、对列及互列纹孔；4—管间纹孔式为梯状纹孔；
5—导管-射线间纹孔式为刻痕状；6—导管-射线间纹孔式为卵圆形；7—木纤维上的具缘纹孔。

图 4-5　过渡型古茶树三切面微观构造图

导管上的穿孔板为梯状穿孔，如图 4-5(d) 所示，横隔数 9~26 条，多数 15 条，穿孔板横隔常见多个分支；少数为梯状穿孔至对列或互列，如图 4-5(e) 所示；管间纹孔式为梯状[图 4-5(g)]，或梯状至对列及互列纹孔[图 4-5(f)]。

导管-射线间纹孔式如图 4-5(h) 所示，图中 5 为横列刻痕状，6 为卵圆形。

4.3.2.2　轴向薄壁组织显微及形态特征

轴向薄壁组织为星散状、星散聚合状及稀疏环管状，内含物未见。轴向薄壁组织的几何形态，主要为类似长方形，如图 4-6(c) 所示。

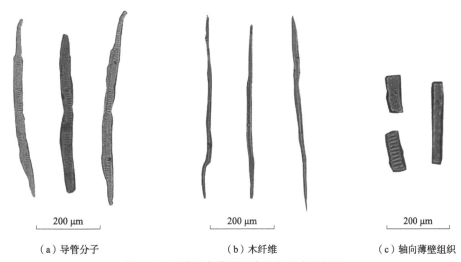

| （a）导管分子 | （b）木纤维 | （c）轴向薄壁组织 |

图 4-6　过渡型古茶树细胞几何形态特征图

4.3.2.3　木纤维显微及形态特征

木纤维双壁厚多数为 2.71~12.16μm，平均 6.30μm；木纤维长度多数为 689.82~2185.30μm，平均 1427.51μm；木纤维宽度多数 8.06~20.81μm，平均 14.44μm，属于中等水平；木纤维腔径多数为 6.33~19.06μm，平均 11.91μm。木纤维的长宽比是 102，壁腔比是 0.53。图 4-6(b) 为木纤维的几何形态，主要为纺锤形，两端尖削。木纤维的具体特征值见表 4-2。

表 4-2　过渡型古茶树细胞形态特征值

细胞形态特征	最大值/μm	最小值/μm	平均值/μm	标准差	方差
导管长度	1266.89	436.85	832.70	155.86	24291.84
导管直径	48.20	13.09	31.84	5.82	33.84
导管壁厚	5.22	0.49	2.92	0.83	0.69
木纤维宽度	20.81	8.06	14.44	2.68	7.17
木纤维长度	2185.30	689.82	1427.51	363.78	132332.50
木纤维腔径	19.06	6.33	11.91	2.80	7.84

（续）

细胞形态特征	最大值/μm	最小值/μm	平均值/μm	标准差	方差
木纤维双壁厚	12.16	2.71	6.30	2.02	4.09
木射线高度	672.26	97.78	265.76	100.73	10146.57
木射线宽度	39.21	13.60	26.66	4.77	22.74

4.3.2.4　木射线显微及形态特征

木射线非叠生，单列射线极少，多数宽 1~2 个细胞，多列射线宽 2~3 个细胞（13.60~39.21μm），高 4~22 个细胞（97.78~672.26μm），同一射线内有时出现 2 次多列部分。射线组织主为异形Ⅱ型，异形Ⅰ型和异形Ⅲ型较异形Ⅱ型少。射线细胞内含大量树胶，晶体未见，油细胞或黏液细胞未见。如图 4-5(c) 所示。

4.4　栽培型古茶树次生木质部解剖构造分析

4.4.1　宏观特征分析

木材灰褐色，心边材区别不明显；无光泽；无特殊气味和滋味；生长轮明显；轮间晚材带色深；宽度不均匀，每厘米 5~6 轮。管孔在肉眼下不明显，在放大镜下可见，大小略一致，分布略均匀；散生。轴向薄壁组织肉眼未见，在放大镜下明显，星散状。木射线中至密，细至中，肉眼下可见，放大镜下明显。实物样品如图 4-7 所示。

图 4-7　栽培型古茶树实物样品图

4.4.2　微观特征分析

栽培型古茶树三切面微观构造如图 4-8 所示。

4.4.2.1　导管显微及形态特征

散孔材，导管横切面具多边形轮廓，单管孔及复管孔(2~3 个)，管孔频率118 个/mm²，如图 4-8(a) 所示；管孔弦向直径最大 48.04μm 或以上，最小弦向直径 11.77μm 或以下，平均29.16μm；导管壁厚 0.33~7.81μm，平均 3.28μm；导管分子长 495.01~1184.79μm，平均799.44μm，具体特征值见表 4-3。导管分子为纺锤形，如图 4-8(a) 所示。

导管上的穿孔板为梯状穿孔，如图 4-8(d) 所示，横隔数 8~30 条，多数 17 条，穿孔板横隔常见多个分支；少数为梯状穿孔至对列及互列，如图 4-8(e) 所示；管间纹孔式为梯状[图 4-8(f)]，或梯状至对列及互列纹孔[图 4-8(g)]。

导管–射线间纹孔式如图 4-8(h)所示，图中 5 为横列刻痕状，6 为卵圆形。

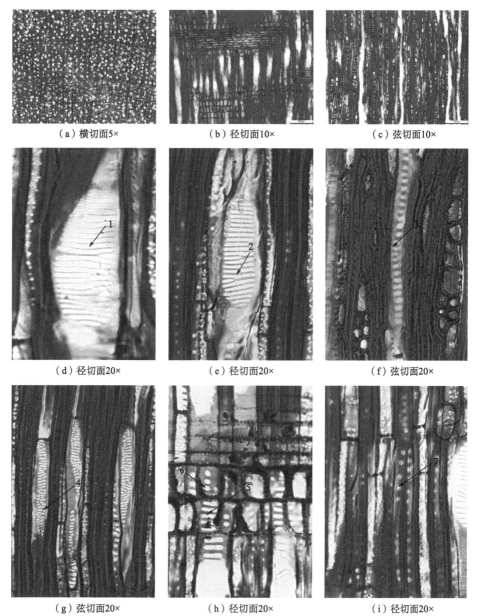

（a）横切面5×   （b）径切面10×   （c）弦切面10×

（d）径切面20×   （e）径切面20×   （f）弦切面20×

（g）弦切面20×   （h）径切面20×   （i）径切面20×

1—梯状穿孔；2—穿孔为对列；3—管间纹孔式为梯状纹孔；4—管间纹孔式为梯状、对列及互列纹孔；
5—导管–射线间纹孔式为刻痕状；6—导管–射线间纹孔式为卵圆形；7—木纤维上的具缘纹孔。

图 4-8   栽培型古茶树三切面微观构造图

4.4.2.2 轴向薄壁组织显微及形态特征

轴向薄壁组织为星散状、星散聚合状及稀疏环管状，内含物未见。轴向薄壁组织的几何形态，主要为类似方形或长方形，如图 4-9(c)所示。

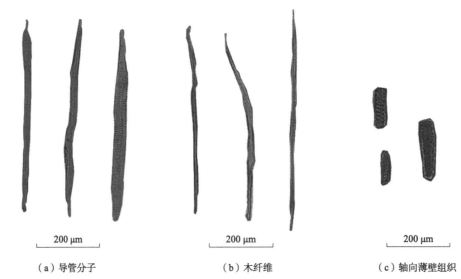

200 μm	200 μm	200 μm
（a）导管分子	（b）木纤维	（c）轴向薄壁组织

图 4-9　栽培型古茶树细胞几何形态特征图

4.4.2.3　木纤维显微及形态特征

木纤维双壁厚多数为 5.82~20.21μm，平均 10.50μm；木纤维长度多数为 646.72~
1894.72μm，平均 1130.40μm；木纤维宽度多数 7.07~24.00μm，平均 14.69μm；木纤维腔
径多数为 6.67~24.04μm，平均 11.86μm。木纤维的长宽比是 77，壁腔比是 0.88。图 4-9(b)
为木纤维的几何形态，主要为纺锤形，两端尖削。木纤维的具体特征值见表 4-3。

表 4-3　栽培型古茶树细胞形态特征值

细胞形态特征	最大值/μm	最小值/μm	平均值/μm	标准差	方差
导管长度	1184.79	495.01	799.44	143.34	20547.29
导管直径	48.04	11.77	29.16	6.02	36.19
导管壁厚	7.81	0.33	3.28	1.43	2.04
木纤维宽度	24.00	7.07	14.69	3.19	10.20
木纤维长度	1894.72	646.72	1130.40	257.21	66156.58
木纤维腔径	24.04	6.67	11.86	2.81	7.90
木纤维双壁厚	20.21	5.82	10.50	2.72	7.41
木射线高度	694.79	170.75	360.07	133.81	17904.10
木射线宽度	59.30	20.40	37.02	8.56	73.19

4.4.2.4　木射线显微及形态特征

木射线非叠生，单列射线少，多列射线宽 2~3 个细胞（20.40~59.30μm），高 6~22 个
细胞（170.75~694.79μm），同一射线内有时出现 2 次多列部分。射线组织为主为异形 Ⅰ 型
和异形 Ⅱ 型，偶见异形 Ⅲ 型。射线细胞内含少量树胶，晶体未见，油细胞或黏液细胞未
见。如图 4-8(c)所示。

4.5 五桠果与野生型古茶树解剖构造比较分析

经上述对五桠果和野生型古茶树的次生木质部解剖构造分析，发现五桠果和野生型古茶树在显微构造上和细胞形态尺寸上均存在一定的区别，通过三种茶树的导管长度、直径、壁厚、木纤维长度、宽度、腔径、双壁厚，木射线高度、宽度的平均值数据，做出柱状图4-10~图4-13，可直观地对五桠果和野生型古茶树的导管、木纤维和木射线进行比较分析，体现二者细胞差异。

4.5.1 导管显微特征的区别

导管显微特征主要从横切面的管孔分布、类型、组合、频率；穿孔板类型、横隔数；管间纹孔式和导管–射线间纹孔进行对比分析，并做出表4-4，具体如下：

（1）管孔分布及类型：从分布看，五桠果为散孔材，野生型古茶树为半环孔材；从类型看，五桠果主为卵圆形，野生型古茶树为多边形。

（2）管孔组合及管孔频率：五桠果主为单管孔，径列复管孔少；野生型古茶树具单管孔、径列和弦列复管孔（2~3个）。管孔频率五桠果40个/mm²，野生型古茶树366个/mm²，导管非常丰富，为五桠果的9倍之多。

（3）穿孔板及横隔数：如图4-10中1~3所示，1为五桠果的穿孔板类型，2、3为野生型古茶树穿孔板类型，从图中可以明显看出，二者均为梯状穿孔，并且穿孔板横隔均出现分支，五桠果穿孔板有向对列发展的趋势；野生型古茶树穿孔板已出现对列至互列，表现出比五桠果更为进化的特点。但五桠果穿孔板的横隔平均数较野生型古茶树多，五桠果平均21条，野生型古茶树平均14条。五桠果和野生型古茶树的穿孔板从梯状穿孔向对列至互列进化的趋势本质是为了改变枝条木质部的水力结构，在导管上进一步减小单个管道水平上的阻力[92]，提升水分和营养物质的运输能力。

（4）管间纹孔式：如图4-10中4~6所示，4为五桠果的管间纹孔式，5、6为野生型古茶树的管间纹孔式，从图中可知，4为梯状纹孔，5、6为梯状及对列、互列混合的纹孔类型，从五桠果到野生型古茶树，纹孔排列出现了梯状向对列、对列向互列的进化趋势。

（5）导管–射线间纹孔式：如图4-10中的7~9所示，7为五桠果的导管–射线间纹孔式，8、9为野生型古茶树的导管–射线间纹孔式，从图中可知，7~9均为横列刻痕状和圆形。

（6）导管直径、长度和壁厚：图4-11为五桠果和野生型古茶树的导管细胞形态特征值，通过图表数据可以直观地看出两种树种在导管各项指标上的区别，体现树种之间的细胞差异：从图4-11中可以看出，五桠果的导管长度、直径、壁厚均大于野生型古茶树的各个特征值。

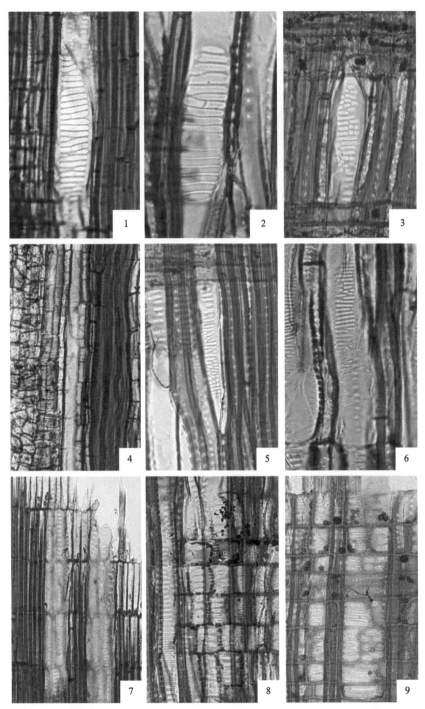

1—五桠果导管穿孔板为梯状穿孔，出现分支；2—野生型茶树导管穿孔板为梯状穿孔，出现分支；
3—野生型茶树导管穿孔板出现对列及互列；4—五桠果管间纹孔式为梯状纹孔；
5、6—野生型茶树管间纹孔式梯状、对列及互列纹孔；7—五桠果导管–射线间纹孔式横列刻痕状和圆形；
8、9—野生型茶树导管–射线间纹孔式横列刻痕状和圆形。

图 4-10　五桠果和野生型古茶树微观构造对比图

表 4-4 五桠果与野生型古茶树的导管显微特征对比

树种	管孔				穿孔板		管间纹孔式	导管-射线间纹孔
	分布	类型	组合	频率/（个/mm²）	类型	平均横隔数		
五桠果	散孔材	卵圆形	主为单管孔，行列复管孔少	40	梯状、对列穿孔	21	梯状纹孔	横列刻痕状和圆形
野生型古茶树	半环孔材	多边形	单管孔及复管孔	366	梯状、对列及互列穿孔	14	梯状及对列纹孔	

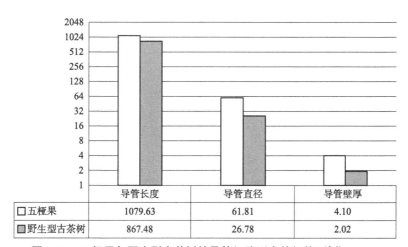

图 4-11 五桠果与野生型古茶树的导管细胞形态特征值（单位：μm）

4.5.2 轴向薄壁组织显微特征的区别

二者的轴向薄壁组织均为星散状、星散聚合状及稀疏环管状；轴向薄壁组织的几何形态有细微区别，但总体差异不大。

4.5.3 木纤维显微特征的区别

（1）木纤维细胞形态：二者均为纺锤形，两端尖削。

（2）木纤维上的纹孔均为具缘纹孔，木纤维类型均为纤维状管胞。

（3）木纤维细胞相关特征值：木纤维宽度，五桠果>野生型古茶树；木纤维的长度，五桠果>野生型古茶树；木纤维的腔径，五桠果>野生型古茶树；木纤维双壁厚，野生型古茶树>五桠果。具体如图 4-12 所示。

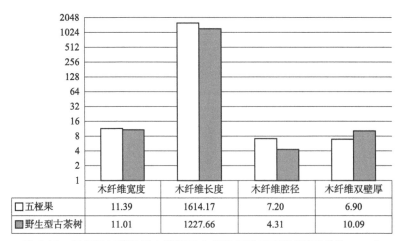

图 4-12　五桠果与野生型古茶树的木纤维细胞形态特征值(单位：μm)

4.5.4　木射线显微特征的区别

（1）木射线组成：五桠果有两种大小不同的射线组成，多列木射线高度往往超出切片范围，为异形单列及异形多列，多列主要为异形Ⅱ型，偶见异形Ⅰ型。野生型古茶树单列射线极少，多列射线宽2~3细胞。单列射线为异形单列；多列射线为异形Ⅰ型、异形Ⅱ型，偶见异形Ⅲ型。

（2）木射线高度：测量的是单列木射线，五桠果>野生型古茶树(图4-13)。

（3）木射线宽度：同上，野生型古茶树>五桠果(图4-13)。

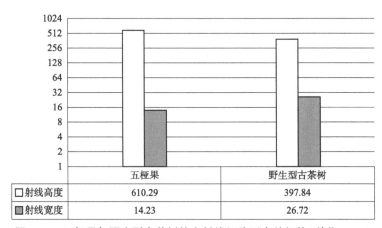

图 4-13　五桠果与野生型古茶树的木射线细胞形态特征值(单位：μm)

4.6　野生型、过渡型和栽培型古茶树解剖构造比较分析

经上述对野生型、过渡型和栽培型古茶树的次生木质部解剖构造分析，发现三种茶树

在显微构造和细胞形态尺寸上均存在一定的区别，通过三种茶树的导管长度、直径、壁厚，木纤维长度、宽度、腔径、双壁厚，木射线高度、宽度的平均值数据，做出柱状图，可直观地对三种茶树的导管、木纤维和木射线进行比较分析。

4.6.1 导管显微特征的区别

导管显微特征主要从横切面的管孔分布、类型、组合、频率；穿孔板类型、横隔数；管间纹孔式和导管–射线间纹孔进行对比分析，并做出表4-5，具体如下：

表4-5　野生型、栽培型与过渡型古茶树的导管显微特征对比

树种	管孔				穿孔板		管间纹孔式	导管–射线间纹孔
	分布	类型	组合	频率/（个/mm²）	类型	平均横隔数		
野生型古茶树	半环孔材	多边形	单管孔、径列和弦列复管孔，复管孔多	366	梯状、对列至互列穿孔	14	梯状纹孔、梯状与对列或互列混合的纹孔	横列刻痕状和圆形
过渡型古茶树	半环孔材		单管孔及径列复管孔	185	梯状穿孔、对列和（或）互列穿孔	16		
栽培型古茶树	散孔材		单管孔及复管孔，单管孔多	118	梯状穿孔、对列和（或）互列穿孔	17		

（1）管孔分布及管孔形状：野生型、过渡型古茶树为半环孔材，栽培型茶树为散孔材。从管孔形状看，野生型、过渡型和栽培型古茶树的管孔都具多边形轮廓。

（2）管孔组合及管孔频率：野生型古茶树为单管孔、径列和弦列复管孔（2~3个），复管孔居多，导管非常丰富。过渡型古茶树为单管孔及径列复管孔（2~3个）。栽培型古茶树具为单管孔及复管孔（2~3个），单管孔明显多于复管孔。野生型、过渡型和栽培型古茶树的管孔频率分别为366个/mm²、185个/mm²和118个/mm²，导管密度呈现递减趋势。据统计，冰岛茶树的管孔频率为116个/mm²，而冰岛茶树是我国最早人工栽种的茶叶品种之一[93]，是栽培型古茶树的典型代表，说明栽培型古茶树管孔频率明显降低。

（3）穿孔板类型及横隔数：如图4-14中1~3所示，1、2、3分别为野生型、过渡型、栽培型古茶树有进化体现的穿孔板类型。按照国际木材解剖学家协会（IAWA）对确定穿孔板类型的数量要求，分别在径切面采集了25个穿孔板，观察发现，三种茶树的穿孔板均出现不同数量的分支，都有向对列及互列，进化的趋势，且出现了梯状穿孔、对列及互列穿孔混合存在的穿孔板。分析穿孔板的平均横隔数发现，野生型、过渡型、栽培型古茶树穿孔板的平均横隔数分别为14条、16条和17条，差异不明显。

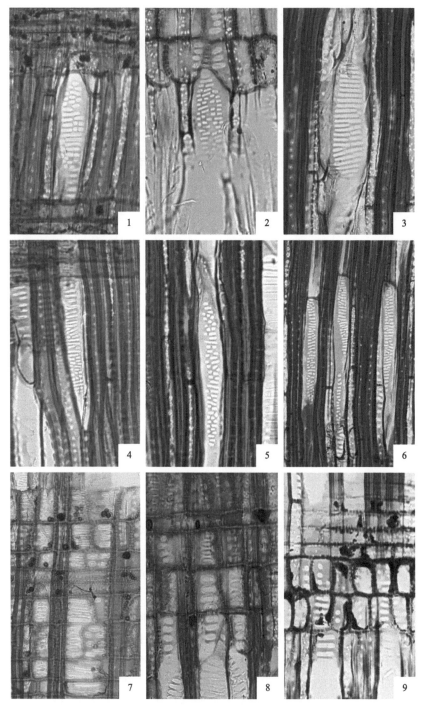

1~3—依次为野生型、过渡型、栽培型茶树导管穿孔板：梯状、对列及互列穿孔；
4~6—依次为野生型、过渡型、栽培型茶树管间纹孔式：梯状、对列及互列纹孔；
7~9—依次为野生型、过渡型、栽培型茶树导管–射线间纹孔式：横列刻痕状和圆形。

图 4-14　野生型、过渡型和栽培型古茶树微观构造对比图

（4）管间纹孔式：如图4-14中4~6所示，4、5、6分别为野生型、过渡型、栽培型古茶树的管间纹孔式，观察发现，三种茶树都有梯状纹孔、梯状及对列或互列混合的纹孔。

（5）导管-射线间纹孔式：如图4-14中7-9所示，7、8、9分别为野生型、过渡型、栽培型古茶树的导管-射线间纹孔式，从图中可知，导管-射线间纹孔式均为横列刻痕状和圆形。

（6）导管直径、长度和壁厚：图4-15为三种古茶树的导管细胞形态特征值，通过图表数据可以直观地看出三种茶树在导管各项指标上的区别，体现树种之间的细胞差异；从图4-15中可以看出，野生型、过渡型、栽培型古茶树的导管长度呈递减趋势，但差异小；壁厚则呈递增趋势。导管直径为过渡型古茶树>栽培型古茶树>野生型古茶树。

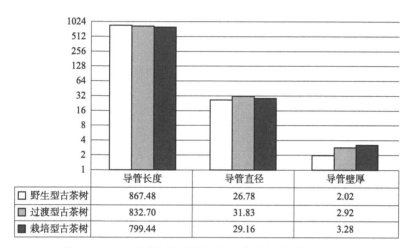

	导管长度	导管直径	导管壁厚
□ 野生型古茶树	867.48	26.78	2.02
过渡型古茶树	832.70	31.83	2.92
■ 栽培型古茶树	799.44	29.16	3.28

图 4-15　三种古茶树的导管细胞形态特征值（单位：μm）

4.6.2　轴向薄壁组织显微特征的区别

三者的轴向薄壁组织均为星散状、星散聚合状及稀疏环管状；栽培型古茶树的薄壁组织比野生型古茶树和过渡型古茶树略丰富。

4.6.3　木纤维显微特征的区别

（1）木纤维细胞形态：三者均为纺锤形，两端尖削。

（2）木纤维上的纹孔均为具缘纹孔，木纤维类型均为纤维状管胞。

（3）木纤维细胞相关特征值：木纤维宽度，栽培型古茶树>过渡型古茶树>野生型古茶树；木纤维长度，过渡型古茶树>野生型古茶树>栽培型古茶树；木纤维腔径，过渡型古茶树>栽培型古茶树>野生型古茶树；

木纤维双壁厚，栽培型古茶树>野生型古茶树>过渡型古茶树。具体如图4-16所示。

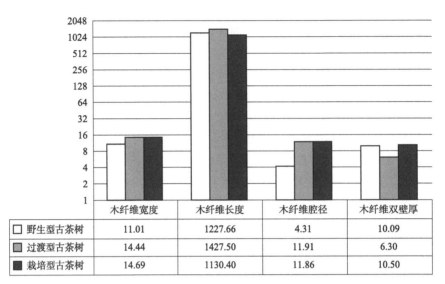

	木纤维宽度	木纤维长度	木纤维腔径	木纤维双壁厚
□ 野生型古茶树	11.01	1227.66	4.31	10.09
过渡型古茶树	14.44	1427.50	11.91	6.30
■ 栽培型古茶树	14.69	1130.40	11.86	10.50

图 4-16 三种古茶树的木纤维细胞形态特征值(单位：μm)

4.6.4 木射线显微特征的区别

(1)木射线组成：三者单列射线均少，多列射线宽都为 2~3 细胞。野生型古茶树单列射线为异形单列；多列射线为异形 Ⅰ 型、形 Ⅱ 型，偶见形 Ⅲ 型。过渡型古茶树为异形 Ⅱ型，异形 Ⅰ 型和形 Ⅲ 型较形 Ⅱ 型少。栽培型古茶树异形 Ⅰ 型和形 Ⅱ 型，偶见异形 Ⅲ 型。三种茶树都存在三种异形射线。

(2)木射线高度：野生型古茶树>栽培型古茶树>过渡型古茶树(图 4-17)。

(3)木射线宽度：栽培型古茶树>野生型古茶树>过渡型古茶树(图 4-17)。

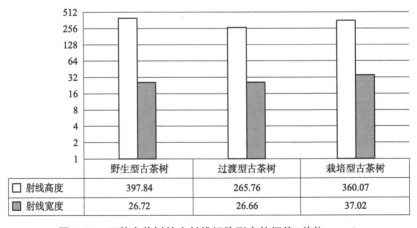

	野生型古茶树	过渡型古茶树	栽培型古茶树
□ 射线高度	397.84	265.76	360.07
■ 射线宽度	26.72	26.66	37.02

图 4-17 三种古茶树的木射线细胞形态特征值(单位：μm)

4.7 本章小结

4.7.1 小 结

通过本章对五桠果和三种古茶树解剖构造特征的深入分析，基于 Baileyan 木质部进化系统，得出的进化结果如下：

(1)导管分布、导管长度与频率：五桠果的导管长度大于野生型古茶树，但导管密度远低于野生型古茶树；三种古茶树的导管长度大小为野生型古茶树>过渡型古茶树>栽培型古茶树，导管密度为野生型古茶树>过渡型古茶树>栽培型古茶树。根据"就导管分子长度而言，比较短的导管分子比较进化。"的理论，即在导管长度与频率上，野生型古茶树较五桠果进化，三类古茶树的进化顺序依次为野生型古茶树、过渡型古茶树、栽培型古茶树。

(2)管孔组合：五桠果管孔为单管孔，径列复管孔较少，管孔形状为圆形及卵圆形；三种古茶树的管孔都为单管孔及复管孔，具多边形轮廓。由此得出的进化结论是五桠果较三种古茶树进化。

(3)管间纹孔式：五桠果为梯状纹孔；三种古茶树都有梯状纹孔、梯状及对列或互列混合的纹孔，都表现出了梯状向对列、对列向互列的进化趋势。由此得出的进化结论是古茶树较五桠果进化。

(4)穿孔板类型：五桠果、野生型古茶树、过渡型古茶树和栽培型古茶树都为梯状穿孔，并且穿孔板横隔均出现分支，三种古茶树都出现梯状及对列和(或)互列混合的纹孔。由此得出的进化结论是古茶树较五桠果进化。

(5)导管-射线间纹孔式：五桠果及三种古茶树均为横列刻痕状和圆形，未表现出明显的进化趋势。

(6)轴向薄壁组织：五桠果及三种古茶树均为星散状、星散聚合状及稀疏环管状，栽培型茶树的薄壁组织比野生型和过渡型古茶树略丰富。由此得出的进化结论是栽培型古茶树较野生型和过渡型古茶树进化。

(7)木射线：五桠果有两种大小不同的射线组织，为异形单列及多列，多列主要为异形Ⅱ型，偶见异形Ⅰ型，三种古茶树单列射线为异形单列；多列射线为异形Ⅰ型、异形Ⅱ型，偶见异形Ⅲ型，未表现出明显的进化趋势。

总体来看，五桠果与三种古茶树之间的木材解剖构造进化特征不均匀性明显，因此，五桠果与三种古茶树很可能不在同一进化支上。野生型古茶树、过渡型古茶树和栽培型古茶树在导管长度和频率、轴向薄壁组织分布特征上表现的演变趋势与 Baileyan 木质部进化系统相符，其余特征差异不明显。

经过上述分析，结合上一章的结论，它们之间的进化关系可能为：五桠果和野生型古茶树都是中华木兰进化而来，五桠果是中华木兰的另一个进化分支。野生型古茶树的复管孔多且密集，栽培型古茶树的单管孔多且相对稀疏，过渡型古茶树的管孔则介于二者之间，古茶树导管有向单管孔进化的趋势。

4.7.2 讨 论

通过五桠果和野生型古茶树的对比分析可以发现，在穿孔板类型上，野生型古茶树的确表现出比五桠果更进化的特征。但从管孔类型上看，五桠果出现更多的单管孔，而野生型古茶树则复管孔居多，说明木材解剖的原始性和进化性不一定在每个特征上都是互为因果关系或平衡演进的。另外，从导管长度、直径和壁厚的统计数据也可看出五桠果和野生型茶树差异明显。导管的类型和数据都表明野生型古茶树不一定是从五桠果进化来的，它们可能源自木兰科的共同祖先，有着不同的进化趋势。

通过三种古茶树的对比分析，它们的穿孔板没有显著区别，但从导管长度看，野生型、栽培型和过渡型古茶树的导管长度呈现递减趋势，这与 Baileyan 提出的"导管分子长的比导管分子短的要原始"的进化理论一致。从横切面导管密度看，野生型、栽培型和过渡型古茶树的导管密度呈现减小趋势，并且栽培型古茶树明显低于过渡型和野生型古茶树，单管孔数量则多于过渡型和野生型古茶树，这与 Baileyan 提出的"复管孔和双管孔比单管孔先进"的进化理论相悖，进一步说明木材解剖的原始性和进化性不一定在每个特征上都是互为因果关系或平衡演进的。

从木射线类型来看，五桠果的木射线明显区别于野生型古茶树，野生型古茶树从五桠果进化而来的说法没有理论依据。它们都是山茶亚目但是不同的科属，五桠果是五桠果科五桠果属植物，野生型古茶树是山茶科山茶属植物，代表着不同进化方向。

通过以上比较分析，推测三种古茶树未来的进化趋势为：导管方面，单管孔数量进一步增多，导管密度减小。穿孔板方面，横隔分支增加使得横隔数逐渐减少，向单穿孔发展，促进导管运输能力，但进化过程漫长。管间纹孔式方面，梯状纹孔逐渐消失，对列和互列纹孔成为主要纹孔类型。导管–射线间纹孔方面，横列刻痕状纹孔式数量减少，圆形纹孔增加，纹孔大小可能趋向于互列管间纹孔式。

5 不同产地普洱茶树与中华木兰木质部解剖构造比较分析

本章将选择三种不同产地的普洱茶树(栽培型大叶茶)作为研究对象,通过具体的木质部解剖构造特征分析,探索3种茶树的普洱茶树亲缘关系,结合前两章的分析,将中华木兰与三种不同产地的栽培型普洱茶进行比较分析,探索3个不同产地栽培型普洱茶有无特征一致性或进化先进性。

5.1 材料与方法

5.1.1 材 料

3个不同产地的普洱茶均属栽培型茶树,分别来自临沧市永德县、西双版纳傣族自治州勐腊县易武镇、普洱市(国家优良品种云抗10号)。

5.1.2 方 法

5.1.2.1 宏观特征
具体方法同3.1.2。

5.1.2.2 微观特征
具体方法同3.1.2。

5.2 临沧市永德县栽培型茶树次生木质部解剖构造分析

临沧市永德县栽培型茶树(以下简称永德栽培型茶树)次生木质部解剖构造分析具体详见4.4。

5.3 西双版纳勐腊县易武镇丁家寨栽培型茶树次生木质部解剖构造分析

5.3.1 宏观特征分析

图 5-1 为西双版纳勐腊县易武镇丁家寨栽培型茶树(以下简称易武栽培型茶树)样品实物图,木材灰褐色,心边材区别不明显;有光泽;有清香味,无特殊滋味;生长轮不明显;轮间呈浅色细线;宽度不均匀,每厘米 7~9 轮。管孔在肉眼下不明显,在放大镜下可见,大小一致,分布略均匀;散生。轴向薄壁组织未见。木射线密至甚密,甚细至细,肉眼下可见,放大镜下明显。

图 5-1 西双版纳勐腊县易武镇丁家寨栽培型茶树样品实物图

5.3.2 微观特征分析

5.3.2.1 导管显微及形态特征

图 5-2 为易武栽培型茶树三切面微观构造特征图,从图中可以看出,木材为散孔材,导管横切面具多边形轮廓,单管孔及复管孔(2~3 个);管孔频率 108 个/mm²;管孔弦向直径最大 107.68μm 或以上,最小弦向直径 8.00μm 或以下,平均 39.92μm;导管壁厚 2.11~7.21μm,平均 3.83μm。具体特征值见表 5-1。

如图 5-2(d)(e)所示,易武栽培型茶树导管上的穿孔板为梯状穿孔(图中 1)、梯状-网状(图中 2),常具分支,横隔数 11~29 条,平均 18 条;管间纹孔式为梯状-对列[图 5-2(f)中 3]及短梯状(常具大圆形)[图 5-2(g)中 4];如图 5-2(h)(i)所示,导管-射线间纹孔式为横列刻痕状(图中 5)、卵圆形(图中 6)。

易武栽培型茶树导管分子的几何形态,均为纺锤形,主要为两端尖削及一端尖削一端椭圆形,如图 5-3(a)所示。

5.3.2.2 轴向薄壁组织显微及形态特征

如图 5-2(a)所示,轴向薄壁组织为星散状、偶见星散-聚合状,内含物未见。如图 5-3(c)所示,轴向薄壁组织的几何形态,主要为短方形及类似细长条形。

5.3.2.3 木纤维显微及形态特征

木纤维上的纹孔为具缘纹孔,如图 5-2(f)中 7 所示,木纤维类型为纤维状管胞;木纤维双壁厚多数为 5.00~22.09μm,平均 10.89μm。木纤维宽度多数为 52.53~156.05μm,平均 104.36μm;木纤维腔径多数为 2.00~33.00μm,平均 14.66μm。图 5-3 中(b)为木纤维的几何形态，主要为纺锤形，两端尖削。木纤维的具体特征值见表5-1。

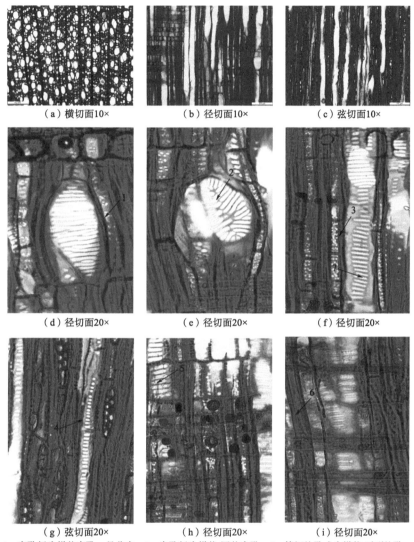

（a）横切面10×　　　　　（b）径切面10×　　　　　（c）弦切面10×

（d）径切面20×　　　　　（e）径切面20×　　　　　（f）径切面20×

（g）弦切面20×　　　　　（h）径切面20×　　　　　（i）径切面20×

1—穿孔板为梯状穿孔，具分支；2—穿孔板为梯状-网状穿孔；3—管间纹孔式为梯状-对列纹孔；
4—管间纹孔式为短梯状，纹孔呈大圆形；5—导管-射线间纹孔式为梯或横列刻痕状；
6—导管-射线间纹孔式为卵圆形；7—木纤维上的具缘纹孔。

图5-2　易武栽培型茶树三切面微观构造图

5.3.2.4　木射线显微及形态特征

如图5-2所示，木射线非叠生，射线宽1~2列，单列射线为异形单列，数量较多列少，多列射线宽2细胞（9.00~81.50μm），平均32.03μm，高多数6~10个细胞，射线高度最大486.01μm，最小72.06μm，平均178.08μm。射线类型异形单列及异形多列，异形Ⅲ型居多，异形Ⅱ次之，异形Ⅰ型偶见，有时候单列部分与多列部分等宽。木射线分布密度5~14根/mm，平均9根/mm。射线细胞内含树胶，晶体未见，油细胞或黏液细胞未见。木射线的具体特征值表5-1。

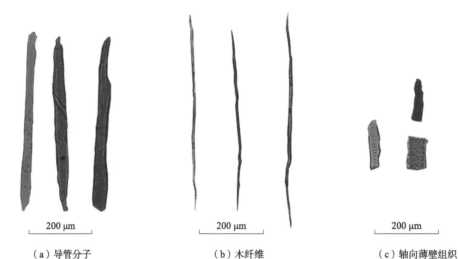

200 μm	200 μm	200 μm
（a）导管分子	（b）木纤维	（c）轴向薄壁组织

图 5-3　易武栽培型茶树细胞几何形态特征图

表 5-1　易武栽培型茶树细胞形态特征值

细胞形态特征	最大值/μm	最小值/μm	平均值/μm	标准差	方差
导管直径	107.68	8.00	39.92	13.29	176.57
导管壁厚	7.21	2.11	3.83	0.97	0.95
木纤维宽度	156.05	52.53	106.36	18.43	339.85
木纤维腔径	33.00	2.00	14.66	6.26	39.19
木纤维双壁厚	22.09	5.00	10.89	3.52	12.39
木射线高度	486.01	72.06	178.08	73.94	5467.66
木射线宽度	81.50	9.00	32.03	11.87	140.98

5.4　普洱云抗 10 号栽培型茶树解剖构造分析

5.4.1　宏观特征分析

云抗 10 号木材白灰色至灰褐色，心边材区别明显；有光泽；无特殊气味和滋味；生长轮明显；轮间晚材带色深；宽度不均匀，每厘米 5~9 轮。管孔在肉眼下不明显，在放大镜下可见，大小一致，分布略均匀；散生。轴向薄壁组织未见。木射线中至密，细至中，肉眼下未见，放大镜下明显（图 5-4）。

图 5-4　云抗 10 号茶树实物样品图

5.4.2 微观特征分析

图 5-5 为云抗 10 号三切面微观构造图。

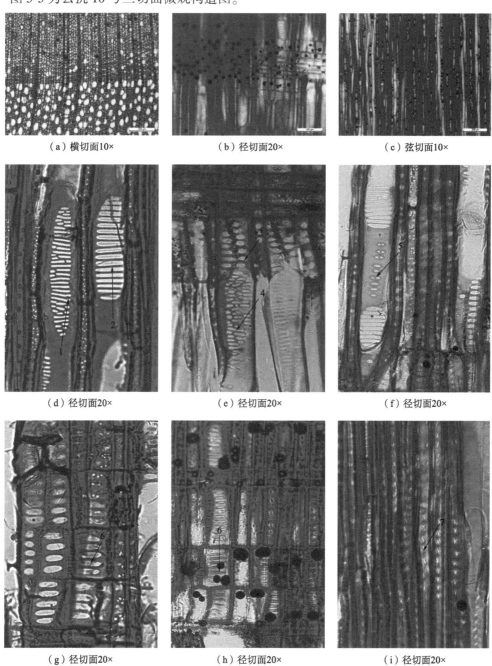

（a）横切面10×　　　　（b）径切面20×　　　　（c）弦切面10×

（d）径切面20×　　　　（e）径切面20×　　　　（f）径切面20×

（g）径切面20×　　　　（h）径切面20×　　　　（i）径切面20×

1—穿孔板为梯状–网状，具分支；2—穿孔板为梯状纹孔；3、4—管间纹孔式为对列纹孔和大圆形；
5—导管–射线间纹孔式为大圆形；6—导管–射线间纹孔式为梯状或横列刻痕状；7—木纤维上的具缘纹孔。

图 5-5　云抗 10 号三切面微观构造图

5.4.2.1 导管显微及形态特征

木材为半散孔材，导管横切面具多边形轮廓，单管孔及复管孔(2~3个)；管孔频率131个/mm²；管孔弦向直径最大58.05μm或以上，最小弦向直径18.50μm或以下，平均39.80μm；导管壁厚1.12~6.08μm，平均3.22μm；导管分子长506.01~1406.63μm，平均955.08μm，具体特征值见表5-2。

如图5-5(d)(e)所示，云抗10号导管上的穿孔板为梯状穿孔[图5-5(d)中2]、梯状-互列[图5-5(d)中1]，横隔数13~25条，平均18条；管间纹孔式为大圆形纹孔[图5-5(e)中的3]及短对列、短梯状[图5-5(f)中4]；如图5-5(g)(h)所示，导管-射线间纹孔式为大圆形[图5-5(g)中5]、梯状或横列刻痕状[图5-5(h)中6]。

图5-6所示，导管分子的几何形态，均为纺锤形，两端尖削及两端椭圆形(图a)。

5.4.2.2 轴向薄壁组织显微及形态特征

轴向薄壁组织为星散状、星散-聚合状及稀疏环管状，内含物偶见。如图5-6(c)所示，轴向薄壁组织的几何形态，主要为短方形及类似细长条形。

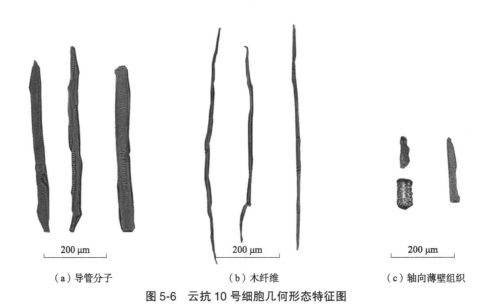

200 μm	200 μm	200 μm
（a）导管分子	（b）木纤维	（c）轴向薄壁组织

图5-6 云抗10号细胞几何形态特征图

5.4.2.3 木纤维显微及形态特征

木纤维上的纹孔为具缘纹孔[图5-5(i)]，木纤维类型为纤维状管胞；木纤维双壁厚多数为3.16~17.46μm，平均7.82μm；木纤维长度多数为932.59~2484.98μm，平均1525.39μm；木纤维宽度多数10.44~45.89μm，平均26.01μm，属于中等水平；木纤维腔径多数为13.04~56.80μm，平均37.04μm。

图5-6(b)为木纤维的几何形态，主要为纺锤形，两端尖削。木纤维的具体特征值见表5-2。

表 5-2 云抗 10 号细胞形态特征值

细胞形态特征	最大值/μm	最小值/μm	平均值/μm	标准差	方差
导管长度	1406.63	506.01	955.08	193.64	37494.37
导管直径	58.05	18.50	39.80	9.28	86.15
导管壁厚	6.08	1.12	3.22	1.01	1.01
木纤维宽度	45.89	10.44	26.01	8.45	78.27
木纤维长度	2484.98	932.59	1525.39	308.11	94931.28
木纤维腔径	56.80	13.04	37.04	8.85	78.24
木纤维双壁厚	17.46	3.16	7.82	2.89	8.32
木射线高度	730.94	118.63	382.08	167.00	27887.36
木射线宽度	41.34	16.34	27.32	5.39	29.03

5.4.2.4 木射线显微及形态特征

木射线非叠生，单列射线高 1~7 个细胞，多数有 3 个细胞，射线组织为异形单列；多列射线宽 2~3 个细胞（16.34~41.34μm），高 6~26 个细胞（118.63~730.94μm），多数高 23 个细胞，同一射线内有时出现 2 次多列部分，射线组织主为异形Ⅱ型、异形Ⅰ型。射线细胞内含大量树胶，晶体未见，油细胞或黏液细胞未见。木射线的具体特征值见表 5-2。

5.5 中华木兰与不同产地普洱茶树解剖构造分析

通过上述对三种不同产地的栽培型普洱茶树的次生木质部解剖构造分析，发现三种茶树在显微构造和细胞形态尺寸上均存在一定的区别，通过三种茶树的导管长度、直径、壁厚，木纤维长度、宽度、腔径、双壁厚，木射线高度，宽度的平均值数据，可直观地对三种茶树的导管、木纤维和木射线进行比较分析，体现三种茶树细胞的差异。

5.5.1 导管显微特征的区别

5.5.1.1 管孔分布及类型

如图 5-7 所示，为四个树种横切面管孔对比图。从管孔分布上看，中华木兰、永德栽培型茶树和易武栽培型茶树均为散孔材，云抗 10 号为半散孔材［图 5-7（d）］；从类型上看，四者导管横切面均主要为多边形轮廓，云抗 10 号导管横切面具有少数卵圆形。

四者从管孔轮廓上没有特别大的区别，均具多边形轮廓，均较为原始[94-96]，云抗 10 号出现卵圆形，相比较其他两种栽培型茶树，从中华木兰到栽培型茶树中，云抗 10 号较为进化。

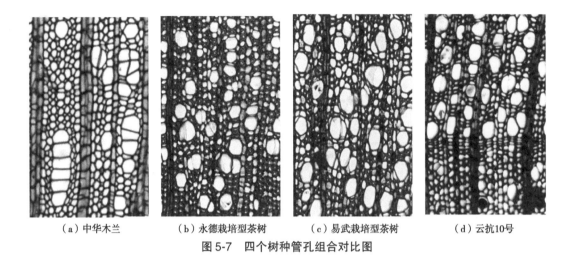

（a）中华木兰　　　　（b）永德栽培型茶树　　　　（c）易武栽培型茶树　　　　（d）云抗10号

图 5-7　四个树种管孔组合对比图

5.5.1.2　管孔组合及管孔频率

如图 5-7 所示，中华木兰管孔组合为径列复管孔（通常 2~3 个）及管孔链（3~7 个），稀呈管孔团，如图 5-7（a）所示，单管孔较少；永德栽培型茶树管孔组合为单管孔及复管孔（2~3 个），如图 5-7（b）所示；易武栽培型茶树管孔组合为单管孔及复管孔（2~3 个），如图 5-7（c）所示；云抗 10 号管孔组合为单管孔及复管孔（2~3 个），如图 5-7（d）所示。

导管横切面管孔组合由中华木兰较为明显的管孔链、管孔团向永德栽培型茶树、易武栽培型茶树、云抗 10 号三种茶树的单管孔及径列复管孔演化[97-100]。而不同地区的三种栽培型茶树中，则云抗 10 号单管孔数较多，径列复管孔较永德和易武栽培型的茶树要少，进一步表明云抗 10 号较为进化。

管孔频率方面，中华木兰为 59 个/mm²、永德栽培型茶树为 118 个/mm²、易武栽培型茶树为 108 个/mm²、云抗 10 号为 131 个/mm²，管孔频率由小到大依次为中华木兰、易武栽培型茶树、永德栽培型茶树、云抗 10 号。

5.5.1.3　穿孔板类型及横隔数

如图 5-8 所示为中华木兰、永德栽培型茶树、易武栽培型茶树、云抗 10 号四个树种穿孔板微观特征对比图。从图中可以看出，1 为中华木兰的梯状穿孔板；2 为永德栽培型茶树梯状-对列穿孔板；3 和 4 为易武栽培型茶树梯状、梯状-网状穿孔板，常具分支；5 和 6 为云抗 10 号梯状-对列、梯状-网状或互列穿孔板，常具分支。

经比较，四个树种均含有梯状穿孔，并且穿孔板横隔均出现分支，但中华木兰的横隔分支较少。后三种茶树穿孔板已出现梯状至对列、梯状至网状进化趋势，均表现出比中华木兰更为进化的特点。三种不同产地的栽培型茶树中，永德栽培型茶树的穿孔板出现的对列要少于其他两种，云抗 10 号和易武栽培型茶树出现的分支较多，易武栽培的穿孔板较为矮胖，云抗 10 号出现的网状要比易武栽培型的更细，且有互列趋势，整体上进化趋势要大于前三种，即中华木兰<永德栽培型茶树<易武栽培型茶树<云抗 10 号。

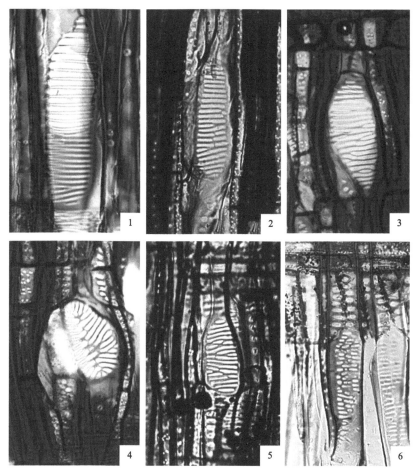

1—中华木兰穿孔板梯状；2—永德栽培型茶树穿孔板：梯状-对列；3、4—易武栽培型茶树穿孔板：梯状、梯状-网状，常具分支；5、6—云抗10号穿孔板：梯状-对列、梯状-网状或互列，常具分支。

图5-8　四个树种穿孔板微观特征对比图

穿孔板的横隔数方面，中华木兰（12条）<永德栽培型茶树（17条）<易武栽培型茶树（18条）=云抗10号（18条）。

5.5.1.4　管间纹孔式

如图5-9所示为中华木兰、永德栽培型茶树、易武栽培型茶树、云抗10号四个树种管间纹孔式微观特征对比图。从图中可以明显看出，中华木兰管间纹孔式为梯状（图5-9中1）及对列（图5-9中2）；永德栽培型茶树管间纹孔式为梯状，梯状至对列及互列纹孔（图5-9中3）；易武栽培型茶树管间纹孔式为梯状-对列、梯状-圆形（图5-9中4）；云抗10号管间纹孔式为短对列-互列、短梯状（图5-9中5）。

经比较，四个树种均存在梯状、梯状及对列混合的管间纹孔式类型，但是中华木兰梯状纹孔居多，从中华木兰到永德栽培型茶树、易武栽培型茶树、云抗10号管间纹孔排列出现了互列，且梯状-对列的居多，云抗10号和临沧永德栽培型的更为进化。整体来看，管间纹孔式出现了从梯状向对列、对列向短对列-互列进化的趋势。

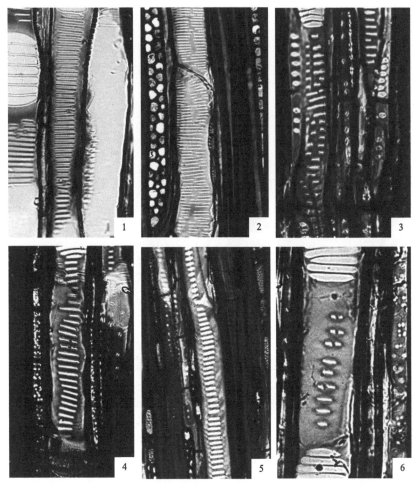

1—中华木兰管间纹孔式：梯状纹孔；2—中华木兰管间纹孔式：梯状–对列纹孔；3—永德栽培型茶树间纹
孔式：梯状–对列、对列–互列；4、5—易武栽培型茶树管间纹孔式：梯状–对列、梯状–圆形；
6—云抗10号管间纹孔式：梯状–对列、对列–互列。

图 5-9　四个树种管间纹孔式微观特征对比图

5.5.1.5　导管–射线间纹孔式

如图 5-10 所示为中华木兰、永德栽培型茶树、易武栽培型茶树、云抗 10 号四个树种导管–射线间纹孔式微观特征对比图。从图中可以看出，中华木兰导管–射线间纹孔式为梯状，梯状出现断裂变成少数卵圆形[图 5-10（a）]；永德栽培型茶树导管–射线间纹孔式为横列刻痕状、卵圆形[图 5-10（b）]；易武栽培型茶树导管–射线间纹孔式为横列刻痕状，卵圆形[图 5-10（c）]；云抗 10 号导管–射线间纹孔式为大圆形、梯状或横列刻痕状[图 5-10（d）]。

从四个树种可以明显看出，导管–射线间纹孔式主要从中华木兰的梯状向横列刻痕状、大圆形、卵圆形趋势进化，但是三种栽培型茶树之间的导管–射线间纹孔式差异不大，基本为横列刻痕状、卵圆形。

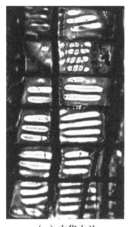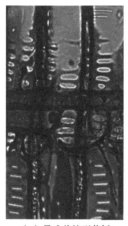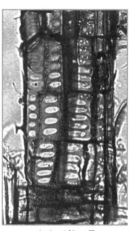

（a）中华木兰　　　（b）永德栽培型茶树　　　（c）易武栽培型茶树　　　（d）云抗10号

图 5-10　四个树种导管–射线间纹孔式微观特征对比图

5.5.1.6　导管直径和长度

图 5-11 为 4 个树种的导管细胞形态特征值，从图中可以看出，导管长度方面，中华木兰<永德栽培型茶树<易武栽培型茶树<云抗 10 号；导管直径方面，永德栽培型茶树<云抗 10 号<易武栽培型茶树<中华木兰；三者导管壁厚相差不大，中华木兰<云抗 10 号<永德栽培型茶树<易武栽培型茶树。

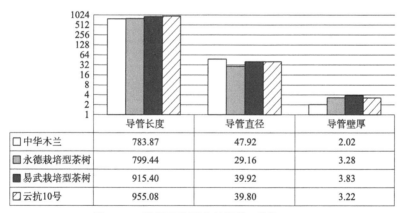

	导管长度	导管直径	导管壁厚
中华木兰	783.87	47.92	2.02
永德栽培型茶树	799.44	29.16	3.28
易武栽培型茶树	915.40	39.92	3.83
云抗10号	955.08	39.80	3.22

图 5-11　导管细胞形态特征值(单位：μm)

从导管直径上看，中华木兰较其他三种栽培型茶树直径较大，根据次生木质部进化理论，导管直径小的较为原始，这可能是中华木兰在导管直径这一个部分进化的速度不同；易武栽培型茶树和云抗 10 号导管直径极为相近且大于永德栽培型茶树，说明易武栽培型茶树和云抗 10 号较为进化。

综上分析，对中华木兰与不同产地普洱茶树的导管显微特征进行综合整理，结果见表 5-3。

表 5-3　中华木兰与不同产地普洱茶树的导管显微特征对比

树种	管孔				穿孔板		管间纹孔式	导管-射线间纹孔
	分布	类型	组合	频率/（个/mm²）	类型	平均横隔数		
中华木兰	散孔材	多边形	径列复管孔；管孔链；稀呈管孔团；单管孔较少	59	梯状穿孔板	12	梯状，对列	梯状，梯状及对列混合（少）
永德栽培型茶树	散孔材	多边形	单管孔及复管孔	118	梯状-对列	17	梯状，梯状至对列及互列纹孔	梯状，梯状及对列混合（多）
易武栽培型茶树	散孔材	多边形	单管孔及复管孔	108	梯状、梯状-网状	18	梯状-对列、梯状-圆形	梯状，梯状及对列混合（多）
云抗10号	半散孔材	多边形；少数卵圆形	单管孔及复管孔	131	梯状-对列、梯状-网状或互列	18	短对列-互列、短梯状	梯状，梯状及对列混合（多）

5.5.2　轴向薄壁组织显微特征的区别

四者的轴向薄壁组织均为星散状、星散-聚合状及稀疏环管状；轴向薄壁组织的几何形态有细微区别，但总体差异不大。

5.5.3　木纤维显微特征的区别

（1）木纤维细胞形态：四者均为纺锤形，两端尖削。

（2）木纤维上的纹孔为具缘纹孔，木纤维类型均为纤维状管胞。

（3）木纤维细胞相关特征值：木纤维宽度，永德栽培型茶树＜中华木兰＜云抗10号＜易武栽培型茶树；木纤维的长度，永德栽培型茶树＜中华木兰＜易武栽培型茶树＜云抗10号；木纤维双壁厚，云抗10号＜中华木兰＜永德栽培型茶树＜易武栽培型茶树；木纤维腔径，永德栽培型茶树＜易武栽培型茶树＜中华木兰＜云抗10号。具体如图 5-12 所示。

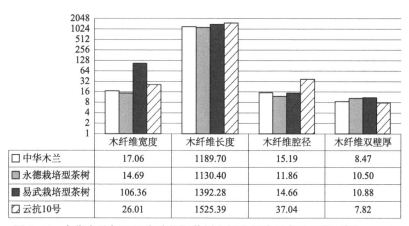

	木纤维宽度	木纤维长度	木纤维腔径	木纤维双壁厚
□ 中华木兰	17.06	1189.70	15.19	8.47
▨ 永德栽培型茶树	14.69	1130.40	11.86	10.50
■ 易武栽培型茶树	106.36	1392.28	14.66	10.88
▨ 云抗10号	26.01	1525.39	37.04	7.82

图 5-12　中华木兰与不同产地普洱茶树木纤维细胞形态特征值(单位：μm)

5.5.4　木射线显微特征的区别

（1）木射线组成：如图 5-13 所示，为四个树种的弦切面木射线微观构造。从图中可以看出，中华木兰单列木射线为异形单列，射线组织异形Ⅱ型，偶见异形Ⅰ型；永德栽培型茶树射线类型为异形单列及多列，多列主为异形Ⅰ型和异形Ⅱ型，偶见异形Ⅲ型；易武栽培型茶树射线类型为异形单列及多列，多列异形Ⅲ型居多，异形Ⅱ型次之，异形Ⅰ型偶见，有时候单列部分与多列部分等宽；云抗 10 号射线类型主为异形单列；多列主为异形Ⅱ型，异形Ⅰ型。

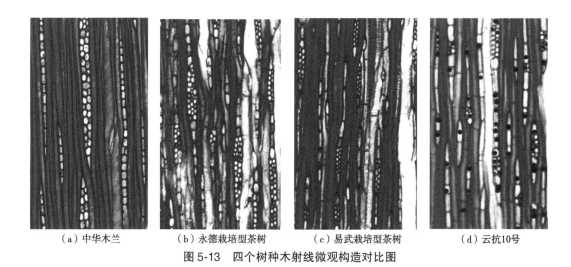

（a）中华木兰　　　　（b）永德栽培型茶树　　　　（c）易武栽培型茶树　　　　（d）云抗10号

图 5-13　四个树种木射线微观构造对比图

（2）木射线高度：易武栽培型茶树<永德栽培型茶树<云抗 10 号<中华木兰(图 5-14)。

（3）木射线宽度：云抗 10 号<易武栽培型茶树<永德栽培型茶树<中华木兰(图 5-14)。

从木射线组织细胞可以明显看出，中华木兰的高度远远高于其他三种栽培型茶树，高度有的超出切片范围，从中华木兰到栽培型茶树木射线高度变矮，且异形Ⅰ型、异形Ⅱ型变多，直至易武栽培型茶树和云抗 10 号的木射线多列的高度更短、宽度变窄，异形单列木射线变多、变短，出现了明显的进化趋势。

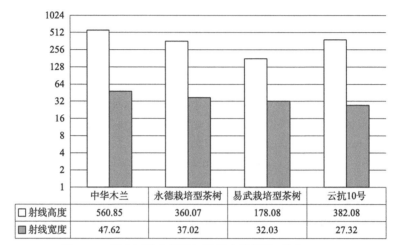

	中华木兰	永德栽培型茶树	易武栽培型茶树	云抗10号
□ 射线高度	560.85	360.07	178.08	382.08
▨ 射线宽度	47.62	37.02	32.03	27.32

图 5-14 四个树种木射线细胞形态特征值(单位：μm)

5.6 本章小结

5.6.1 小 结

经过本章对不同产地的三种普洱茶树(永德栽培型茶树、易武栽培型茶树、云抗 10 号)的木质部解剖构造特征的深入分析，再将中华木兰和三种茶树进行比较分析，基于 Baileyan 木质部进化系统，得出的进化结果如下：

(1)管孔直径：根据次生木质部解剖构造的进化理论分析，导管直径小的较为原始，三种不同产地的栽培型茶树中，易武栽培型茶树和云抗 10 号的极为相近且大于永德栽培型茶树，即易武栽培型茶树和云抗 10 号较为进化。

(2)管孔组合：从四者管孔的轮廓及组合均可看出，中华木兰最原始(具管孔链、管孔团)，而三种不同产地的栽培型茶树中，云抗 10 号管孔数较多，径列复管孔较永德和易武栽培型茶树要少，即表明云抗 10 号较为进化。

(3)管间纹孔式：四种树种均存在梯状、梯状及对列混合的纹孔类型，但是中华木兰梯状纹孔比例明显较大，从中华木兰到永德栽培型茶树、易武栽培型茶树、云抗 10 号管间纹孔排列出现了互列，且梯状-对列的居多，云抗 10 号和永德栽培型茶树更为进化。整体来看，管间纹孔式出现了从梯状向对列、对列向短对列-互列进化的趋势。

(4)穿孔板类型：四种树种均含有梯状穿孔，并且穿孔板横隔均出现分支，但中华木兰的横隔分支较少，后三者茶树穿孔板已出现梯状至对列、梯状至网状进化趋势，表现出比中华木兰更为进化的特点。

（5）导管–射线间纹孔式：中华木兰的导管–射线间纹孔式从梯状向横列刻痕状、大圆形、卵圆形趋势进化，但是三种栽培型茶树之间的导管–射线间纹孔式差异不大，基本为横列刻痕状，卵圆形。

（6）木射线高度：从中华木兰到三种栽培型茶树，木射线高度变矮，且异形I型、异形II型变多，直至易武栽培型茶树和云抗10号木射线多列的高度更短、宽度变窄，异形单列木射线变多，即进化程度为中华木兰至永德栽培型茶树至易武栽培型茶树至云抗10号。

5.6.2 讨 论

经过中华木兰与三种不同产地的栽培型茶树进行比较分析，从少部分特征指标来看，也和进化理论趋势不一样，如穿孔板的横隔数、导管长度等，出现这种情况也存在很多不确定性，可能是导管的某一个特征进化较慢或者较快，进化不可能达到同步进行，而且试验拍摄、测量也具有随机性，也可能影响整体的进化分析，后续可通过其他技术手段进行辅助证明。

但是从导管的大多数微观特征上均能表明，从中华木兰向栽培型茶树进化的一个趋势，这种进化趋势不受产地的影响，而三种栽培型茶树中，云抗10号较为进化，易武栽培型茶树次之，其原因是云抗10号是栽培型茶树培育出来的一个国家级优良品种，在自然栽培型茶树的基础上又发生一定程度的进化。不同的栽培手段和环境影响因素的控制，也会对茶树木质部的生长产生一定的影响。

其中，中华木兰及永德栽培型茶树采样地点均位于临沧永德县境内，生长地质环境较为接近。永德县位于云南省临沧市西北部，北纬23°45′~24°27′，属于河谷季风气候，多年平均气温17.4℃，极端最高气温32.1℃，极端最低气温2.1℃，具有世界上一流的适宜茶叶生长的自然条件。永德栽培型茶叶茶味回甘略涩，茶多酚、儿茶素、多种氨基酸等含量明显高于其他茶类。

易武茶山位于云南西双版纳傣族自治州东部，距西双版纳州州府景洪市110km，地处北纬21°08′~22°25′，亚热带季风气候，年平均气温17℃，年降水量1950mm，适宜种植粮食、茶叶等农作物。易武茶柔甜顺滑，是极好的普洱茶，以温润柔雅、蜜香回甘著称。

云抗10号适宜在滇、粤、桂、琼等地绝对低温−3℃以上的红茶产区推广，云南主要在西双版纳、普洱、临沧、保山等地有大面积栽培。四川、贵州等地有引种。其分布于我国西南地区，北纬21°10′~23°05′，属亚热带季风气候，年平均气温在16.5~17.5℃。普洱市森林覆盖率超过67%，茶园达318万亩，适合大叶茶树的生长。云抗10号品种在植物生态学上表现为树姿开张，主干明显，分支低而密，抗寒抗旱及茶饼病均比云南大叶群体品种强。云抗10号高香生津，制红碎茶香高持久，有花香，汤色红浓明亮；制绿茶外形条索紧细，白毫显露，色泽翠绿，内质花香持久，汤色翠绿明亮，滋味浓厚鲜爽。

由于不同产地普洱茶树的地质环境和气候环境有所不同，导致这几种茶树在植物形态和茶叶滋味上有很大的差异，同时也使得这几种茶树的木质部微观构造呈现出不同特征。综合环境条件和木质部构造的不同，从茶树在茶叶滋味上的直观表现可以进行推测，古茶树到人工栽培到人工选育，木质部微观构造有进化趋势。

同一产地普洱茶树木质部解剖构造比较分析

国家级茶树良种云抗 10 号是云南省农业科学院茶叶研究所 1954 年从南糯山 (E100° 31′ ~ 100°39′，N21° ~ 22°01′) 自然群体中单株选出南糯大叶 (*Nannuoshan Dayecha*) 的抗寒后代中，经系统选育而成的品种，审定编号为滇茶一号，推广种植面积已占全省良种推广的 85% 以上，创下全国茶叶大面积亩产和最高单产两项纪录，在云南种植面积超 130 万亩，是普洱茶的重要原料，是云南茶业最大当家品种[101-102]。长叶白毫[103]由云南省农业科学院茶叶研究所于 1973—1985 年从勐海县南糯山茶树群体中采用单株育种法育成，属于无性系，乔木型，二倍体。1986 年，云南省农作物品种审定委员会认定为省级品种。其抗寒性弱，盛花期在 9 月下旬，花量较多，但结实能力弱；扦插繁殖力较强。在云南普洱茶主产区临沧、普洱和西双版纳大面积种植，也是云南茶业的主要原料。雪芽 100 号则是地方品种的优秀代表。本研究选择的这三个品种在普洱市思茅区同一茶山同一时间种植，具有次生木质部微观构造对比的客观性和代表性。

1995 年，"云抗 10 号的选育与推广"成果获得云南省科学技术进步奖二等奖[104]。经全国茶树良种审定委员会认定，云抗 10 号植株为乔木型，主干明显，树姿开张，分支密。属红绿茶兼制品种，制红茶花香高而持久，滋味浓强鲜；制绿茶色泽翠绿显毫，花香持久，滋味浓厚，汤色翠绿；扦插发根力强，移栽成活率高[105,106]。抗寒、抗旱性和抗茶饼病强[107]。适宜在我国华南、西南绝对最低气温-5℃以上地区种植[108]。经过多年的系统选育，云南省农业科学院茶叶研究所自主研发的云抗 10 号无性系优良茶种，推广种植面积已占全省良种推广的 85% 以上，创下全国茶叶大面积亩产和最高单产两项纪录[109]。

试验选定普洱市思茅区同一茶山同一时间种植的三种茶树，分别选取国家优良品种云抗 10 号、云南省优良品种长叶白毫、地方品种雪芽 100 号三种茶树样品，以三种茶树为研究对象，探索同一茶山三种不同优良栽培型古茶树品种在次生木质部解剖构造上的区别与联系，进一步推测普洱茶树未来的进化趋势。

6.1 材料与方法

6.1.1 材 料

选取全省大范围推广和种植的普洱茶品种，且在普洱市思茅区同一茶山同一时间种植，分别包括国家优良品种云抗 10 号，云南省优良品种长叶白毫和地方品种雪芽 100 号。

6.1.2 方 法

6.1.2.1 宏观特征

具体方法同 3.1.2。

6.1.2.2 微观特征

具体方法同 3.1.2。

6.2 云抗 10 号次生木质部解剖构造分析

普洱市国家优良品种云抗 10 号茶树次生木质部解剖构造分析具体详见 5.4。

6.3 长叶白毫次生木质部解剖构造分析

6.3.1 宏观特征分析

长叶白毫木材灰褐色至红褐色，心边材区别明显；有光泽；无特殊气味和滋味；生长轮明显；轮间晚材带色深；宽度不均匀，每厘米 4~6 轮。管孔在肉眼下明显，在放大镜下可见，大小一致，分布略均匀；散生。轴向薄壁组织未见。木射线中至密，细至中，肉眼下可见，放大镜下明显(图 6-1)。

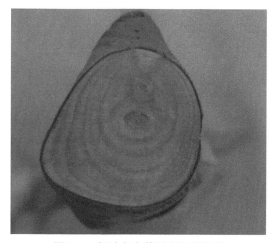

图 6-1 长叶白毫茶树实物样品图

6.3.2 微观特征分析

图 6-2 为长叶白毫三切面微观构造图。

6.3.2.1 导管显微及形态特征

木材为散孔材，导管横切面具多边形轮廓，单管孔及复管孔(2~3 个)；管孔频率

290 个/mm²；管孔弦向直径最大 73.75μm 或以上，最小弦向直径 15.57μm 或以下，平均 48.26μm；导管壁厚 0.50~7.11μm，平均 3.25μm；导管分子长 337.92~1407.08μm，平均 871.36μm，具体特征值见表 6-1。

如图 6-2(d)(e) 所示，长叶白毫导管上的穿孔板出现分支[图 6-2(d)中 1]，为梯状-对列、梯状穿孔[图 6-2(e)中 2]，横隔数 13~37 条，平均 22 条；管间纹孔式为梯状[图 6-2(f)中 4]；如图 6-2(g)(h) 所示，导管-射线间纹孔式为大圆形[图 6-2(g)中 5]、梯状或横列刻痕状[图 6-2(h)中 6]。

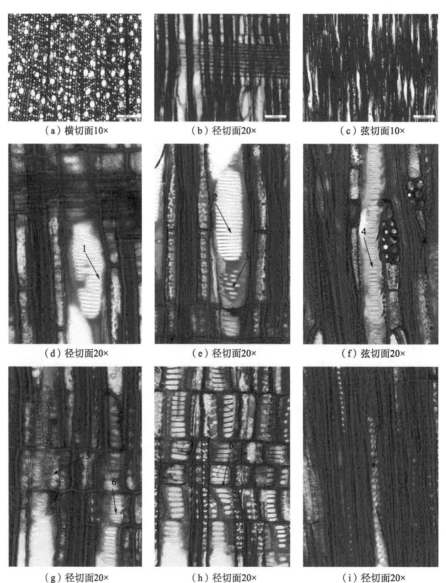

（a）横切面10×　　　　（b）径切面20×　　　　（c）弦切面10×

（d）径切面20×　　　　（e）径切面20×　　　　（f）弦切面20×

（g）径切面20×　　　　（h）径切面20×　　　　（i）径切面20×

1—穿孔板为梯状，具有分支；2—穿孔板为梯状纹孔；3—管间纹孔式为互列纹孔；4—管间纹孔式为梯状纹孔；
5—导管-射线间纹孔式为大圆形；6—导管-射线间纹孔式为梯状或横列刻痕状；7—木纤维上的具缘纹孔。

图 6-2　长叶白毫三切面微观构造图

如图 6-3(a)所示，导管分子的几何形态，均为纺锤形，两端尖削、一端尖削一端椭圆形。

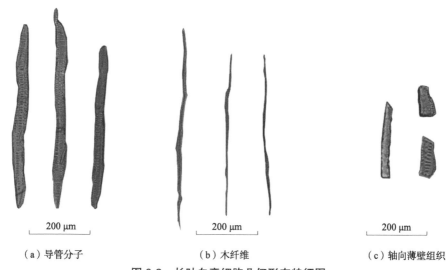

| （a）导管分子 | （b）木纤维 | （c）轴向薄壁组织 |

图 6-3　长叶白毫细胞几何形态特征图

6.3.2.2　轴向薄壁组织显微及形态特征

轴向薄壁组织为星散状及星散-聚合状，少数环管状，内含物偶见。轴向薄壁组织的几何形态，主要为类似长条形，两边椭圆，如图 6-3(c)所示。

6.3.2.3　木纤维显微及形态特征

木纤维上的纹孔为具缘纹孔[图 6-2(i)]，木纤维类型为纤维状管胞；木纤维双壁厚多数为 4.12～22.01μm，平均 9.57μm；木纤维长度多数为 715.21～2315.52μm，平均 1409.98μm；木纤维宽度多数 6.37～27.01μm，平均 12.17μm，属于中等水平；木纤维腔径多数为 5.32～21.15μm，平均 11.61μm。

图 6-3(b)为木纤维的几何形态，主为纺锤形，两端尖削。木纤维的具体特征值见表 6-1。

表 6-1　长叶白毫细胞形态特征值

细胞形态特征	最大值/μm	最小值/μm	平均值/μm	标准差	方差
导管长度	1407.08	337.92	871.36	190.90	36440.93
导管直径	73.75	15.57	48.26	9.84	96.90
导管壁厚	7.11	0.50	3.25	1.37	1.87
木纤维宽度	27.01	2.83	12.17	4.58	21.01
木纤维长度	2315.52	715.21	1409.98	306.99	94239.62
木纤维腔径	21.15	5.32	11.61	3.66	13.37
木纤维双壁厚	22.01	4.12	9.57	3.76	14.14
木射线高度	1212.02	15.00	466.21	232.12	53879.92
木射线宽度	65.90	3.00	24.04	8.36	69.96

6.3.2.4 木射线显微及形态特征

木射线非叠生，单列射线较少，为异形单列；多列射线宽 2~3 细胞 (3.00~65.90μm)，高 2~19 个细胞 (15~1212μm)，多数 13 个细胞，同一射线内有时出现 2 次多列部分，射线组织为异形 II 型，异形 I 型次之，偶见异形 III 型。射线细胞内含大量树胶，晶体未见，油细胞或黏液细胞未见。木射线的具体特征值见表 6-1。

6.4 雪芽 100 号次生木质部解剖构造分析

6.4.1 宏观特征分析

雪芽 100 号木材褐色至深褐色，心边材区别明显；有光泽；无特殊气味和滋味；生长轮明显；轮间晚材带色深；宽度不均匀，每厘米 5~6 轮。管孔在肉眼下明显，在放大镜下可见，大小略一致，分布略均匀；散孔材至半环孔材。轴向薄壁组织未见。木射线肉眼下未见，放大镜下不明显（图 6-4）。

图 6-4　雪芽 100 号茶树实物样品图

6.4.2 微观特征分析

图 6-5 为雪芽 100 号三切面微观构造图。

6.4.2.1 导管显微及形态特征

木材为半散孔材，导管横切面卵圆形，具多边形轮廓，单管孔，复管孔偶见 (2~3 个)；管孔频率 81 个/mm²；管孔弦向直径最大 60.19μm 或以上，最小弦向直径 26.67μm 或以下，平均 42.61μm；导管壁厚 1.54~4.81μm，平均 2.94μm；导管分子长 586.09~1423.85μm，平均 997.27μm，具体特征值见表 6-2。

导管上的穿孔板为梯状穿孔 [图 6-5(d) 中 2]，常具分支 [图 6-5(d) 中 1]，横隔数 10~23 条，平均 18 条；管间纹孔式为短梯状纹孔、偶为互列纹孔，纹孔出现具缘纹孔 [图 6-5(f) 中 4]；如图 6-5(d)(e) 所示，导管-射线间纹孔式为大圆形 [图 6-5(d) 中 5]、梯状或横列刻痕状 [图 6-5(e) 中 6]。

导管分子的几何形态，均为纺锤形，两端尖削、一端尖削一端椭圆形，如图 6-6(a) 所示。

6.4.2.2 轴向薄壁组织显微及形态特征

轴向薄壁组织主为星散、星散-聚合状，稀疏环管状，内含物偶见。轴向薄壁组织的几何形态，主要为类似细长条，一端椭圆一端尖削形，以及小方形，如图 6-6(c) 所示。

6.4.2.3 木纤维显微及形态特征

木纤维上的纹孔为具缘纹孔[图 6-5(i)]，木纤维类型为纤维状管胞，木纤维双壁厚多数为 3.84 ~ 12.28μm，平均 7.25μm；木纤维长度多数为 1122.26 ~ 2641.48μm，平均 1979.08μm；木纤维宽度多数 13.45~43.83μm，平均 24.81μm，属于中等水平；木纤维腔径多数为 3.88~21.87μm，平均 10.67μm。

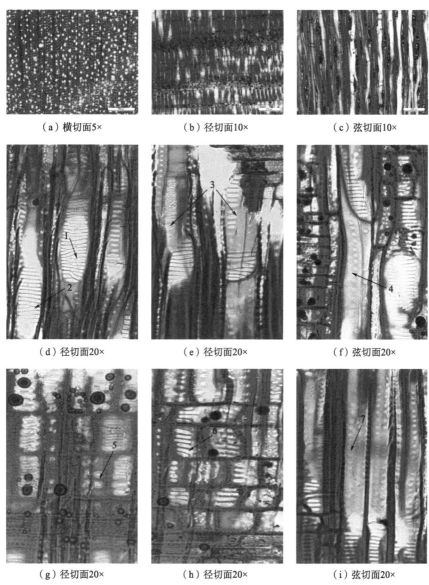

（a）横切面5×　　（b）径切面10×　　（c）弦切面10×

（d）径切面20×　　（e）径切面20×　　（f）弦切面20×

（g）径切面20×　　（h）径切面20×　　（i）弦切面20×

1—穿孔板为梯状，具分支；2—穿孔板为梯状纹孔；3—管间纹孔式为短梯状纹孔；
4—管间纹孔式为互列纹孔，纹孔出现具缘纹孔；5—导管-射线间纹孔式为大圆形；
6—导管-射线间纹孔式为梯状或横列刻痕状；7—木纤维上的具缘纹孔。

图 6-5　雪芽 100 号三切面微观构造图

木纤维的几何形态主为纺锤形，两端尖削［图6-6（b）］。木纤维的具体特征值见表6-2。

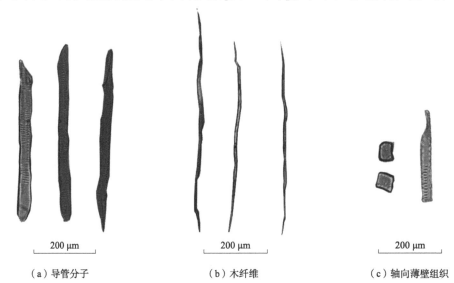

（a）导管分子　　　　　　　（b）木纤维　　　　　　　（c）轴向薄壁组织

图6-6　雪芽100号细胞几何形态特征图

表6-2　雪芽100号细胞形态特征值

细胞形态特征	最大值/μm	最小值/μm	平均值/μm	标准差	方差
导管长度	1423.85	586.09	997.27	193.91	37600.36
导管直径	60.19	26.67	42.61	7.42	55.12
导管壁厚	4.81	1.54	2.94	0.62	0.39
木纤维宽度	43.83	13.45	24.81	5.09	25.88
木纤维长度	2641.48	1122.26	1979.08	251.14	63072.24
木纤维腔径	21.87	3.88	10.67	3.30	10.86
木纤维双壁厚	12.28	3.84	7.25	1.77	3.12
木射线高度	544.00	138.14	276.42	72.72	5287.43
木射线宽度	98.56	15.69	35.52	14.45	208.79

6.4.2.4　木射线显微及形态特征

木射线非叠生，单列射线少，多列射线宽2~3个细胞（15.69~98.56μm），偶见宽4个细胞，高6~15个细胞（138.14~544.00μm），同一射线内有时出现2次多列部分。射线组织为异形Ⅱ型，偶见异形Ⅰ型。射线细胞内含大量树胶，晶体未见，油细胞或黏液细胞未见，木射线的具体特征值见表6-2。

6.5　三种茶树次生木质部解剖构造比较分析

经上述对云抗10号、长叶白毫和雪芽100号三种茶树的次生木质部解剖构造分析，发现三种茶树在显微构造和细胞形态尺寸上均存在一定的区别，根据三种茶树的导管长

度、直径、壁厚，木纤维长度，木射线高度、宽度的平均值数据，做出柱状图，可直观地
对三种茶树的导管、木纤维和木射线进行比较分析，体现茶树的细胞差异。

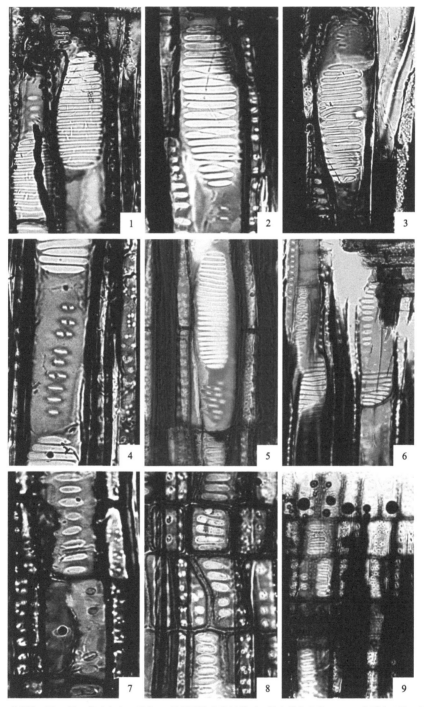

1~3—分别为云抗10号、长叶白毫、雪芽100号的导管穿孔板类型，均为梯状穿孔；4~6—分别为云抗10号、
长叶白毫、雪芽100号的管间纹孔式；7~9—分别为云抗10号、长叶白毫、雪芽100号的导管-射线间纹孔式。

图 6-7　云抗 10 号、长叶白毫和雪芽 100 号微观构造对比图

6.5.1 导管显微特征的区别

（1）管孔分布及类型：从管孔分布上看，长叶白毫和雪芽100号为散孔材，云抗10号为半散孔材；从类型上看，长叶白毫和云抗10号导管横切面主要为多边形轮廓，雪芽100号导管横切面卵圆形和多边形轮廓均具有。

（2）管孔组合及管孔频率：三者均主要为单管孔，长叶白毫和雪芽100号径列复管孔较云抗10号多，多数2~3个。管孔频率方面，云抗10号为131个/mm²，长叶白毫为290个/mm²，雪芽100号为81个/mm²，长叶白毫>云抗10号>雪芽100号。

（3）穿孔板类型及横隔数：如图6-7中1~3所示，分别为云抗10号、长叶白毫、雪芽100号的导管穿孔板类型，均为梯状穿孔，根据前面对三个树种导管特征的具体分析，在梯状穿孔里均出现分支，其中云抗10号出现梯状-网状穿孔，云抗10号较长叶白毫、雪芽100号进化快；三者穿孔板的横隔数相近，云抗10号平均18条，长叶白毫平均20条、雪芽100号平均18条。

（4）管间纹孔式：如图6-7中4~6所示，分别为云抗10号、长叶白毫、雪芽100号的管间纹孔式类型，从图中可以明显看出，三者均有短对列、短梯状的管间纹孔式，向互列纹孔趋势发展（图6-7中5），雪芽100号出现大圆形梯状纹孔（图6-7中6）。

（5）导管-射线间纹孔式：如图6-7中的7~9所示，分别为云抗10号、长叶白毫、雪芽100号的导管-射线间纹孔式类型，从图中可以明显看出，三者均为大圆形、梯状或横列刻痕状。

（6）导管直径和长度：图6-8为导管细胞形态特征值，从图中可以看出，导管直径：长叶白毫>雪芽100号>云抗10号；导管长度：雪芽100号>云抗10号>长叶白毫；导管壁厚三者相差不大，云抗10号≈长叶白毫>雪芽100号。

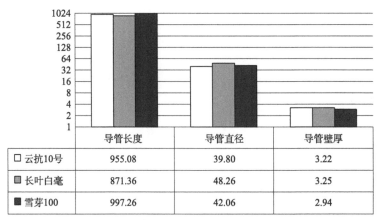

	导管长度	导管直径	导管壁厚
□ 云抗10号	955.08	39.80	3.22
▨ 长叶白毫	871.36	48.26	3.25
■ 雪芽100	997.26	42.06	2.94

图6-8 导管细胞形态特征值（单位：μm）

导管显微特征主要从横切面的管孔分布、类型、组合、频率；穿孔板类型、横隔数；管间纹孔式和导管-射线间纹孔进行比较分析，详见表6-3。

表6-3 云抗10号、长叶白毫与雪芽100号的导管显微特征对比

树种	管孔				穿孔板		管间纹孔式	导管-射线间纹孔
	分布	类型	组合	频率/（个/mm²）	类型	平均横隔数		
云抗10号	半散孔材	多边形	单管孔，复管孔偶见	131	梯状穿孔、梯状-网状	18	梯状及短梯状	大圆形、梯状或横列刻痕状
长叶白毫	散孔材	多边形	单管孔及复管孔	290	梯状穿孔	22	短梯状	圆形-大圆形、梯状或横列刻痕状
雪芽100号	半散孔材	卵圆形及多边形	单管孔及复管孔	81	梯状穿孔	18	短梯状纹孔、偶见大圆形纹孔	大圆形、梯状或横列刻痕状

6.5.2 轴向薄壁组织显微特征的区别

三者的轴向薄壁组织均为星散状、星散-聚合状及稀疏环管状；轴向薄壁组织的几何形态有细微区别，但总体差异不大。

6.5.3 木纤维显微特征的区别

（1）木纤维细胞形态：三者均为纺锤形，两端尖削。

（2）木纤维上的纹孔为具缘纹孔，木纤维类型均为纤维状管胞。

（3）木纤维细胞相关特征值：木纤维宽度，云抗10号>雪芽100号>长叶白毫；木纤维的长度，雪芽100号>云抗10号>长叶白毫；木纤维双壁厚，长叶白毫>云抗10号>雪芽100号。具体如图6-9所示。

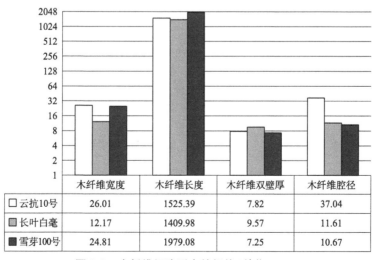

	木纤维宽度	木纤维长度	木纤维双壁厚	木纤维腔径
□ 云抗10号	26.01	1525.39	7.82	37.04
▨ 长叶白毫	12.17	1409.98	9.57	11.61
■ 雪芽100号	24.81	1979.08	7.25	10.67

图6-9 木纤维细胞形态特征值（单位：μm）

6.5.4　木射线显微特征的区别

（1）木射线组成：三者均有单列射线，均为异形单列，云抗 10 号单列射线较其他两种茶树要多；长叶白毫和云抗 10 号多列射线均为 2~3 列，雪芽 100 号系列射线偶见 3 列。长叶白毫射线组织主为异形Ⅰ型，异形Ⅱ型次之，偶见异形Ⅲ型；云抗 10 号射线组织主为异形Ⅱ型、异形Ⅰ型；雪芽 100 号射线组织为异形Ⅱ型，偶见异形Ⅰ型。

（2）木射线高度：长叶白毫>云抗 10 号>雪芽 100 号（图 6-10）。

（3）木射线宽度：雪芽 100 号>云抗 10 号>长叶白毫（图 6-10）。

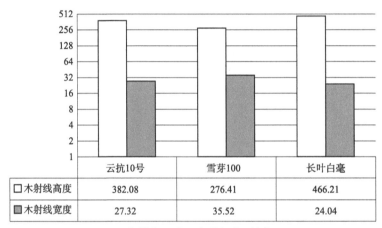

	云抗10号	雪芽100	长叶白毫
□ 木射线高度	382.08	276.41	466.21
■ 木射线宽度	27.32	35.52	24.04

图 6-10　木射线细胞形态特征值（单位：μm）

6.6　本章小结

6.6.1　小　结

经过本章对同一产地三种茶树（云抗 10 号、长叶白毫和雪芽 100 号）的木质部解剖构造特征的深入分析，基于 Baileyan 木质部进化系统，得出的进化结果如下：

（1）管孔直径：根据次生木质部解剖构造的进化理论分析，三者均为栽培型茶树，三者特征值有差异，导管直径：长叶白毫>雪芽 100 号>云抗 10 号；导管长度：雪芽 100 号>云抗 10 号>长叶白毫；导管壁厚：长叶白毫>云抗 10 号>雪芽 100 号，但是总体差距不大，说明三种栽培型茶树在同一产地同一时间种植对它们树种的进化影响不大，处于同一个进化阶段。

（2）管孔组合管孔频率：长叶白毫和雪芽 100 号径列复管孔较云抗 10 号多。管孔频率方面，云抗 10 号为 131 个/mm²，长叶白毫为 290 个/mm²，雪芽 100 号为 81 个/mm²，长叶白毫>云抗 10 号>雪芽 100 号。从导管长度、直径和管孔分布频率看，长叶白毫可能较其他二者进化更慢。

（3）管间纹孔式：三者均有短对列、短梯状的管间纹孔式，并向互列纹孔趋势发展，雪芽 100 号出现大圆形梯状纹孔，三者的梯状穿孔均出现不同情况的进化。

（4）穿孔板类型：三个树种在梯状穿孔板里面的横隔均出现不同程度的分支，表明三个树种均在进化，三者穿孔板的横隔数相近，表明三者在进化程度上接近。

（5）导管-射线间纹孔式：三者的导管-射线间纹孔式均出现从梯状向横列刻痕状、大圆形的趋势进化。

（6）木射线高度：长叶白毫>云抗 10 号>雪芽 100 号，表明长叶白毫可能较其他两个树种进化较慢。

总体而言，云抗 10 号、长叶白毫与雪芽 100 号的管孔直径、管孔组合、穿孔板类型、管间纹孔式、导管-射线间纹孔式、木射线高度、木纤维长度及壁厚等各项因素分析，三个茶树品种基本属于一个进化水平。而基于 Baileyan 木质部进化系统理论，从数据上来看，长叶白毫的相对其他两个茶叶品种较为原始，如其导管分子和木纤维的平均长度、管孔的分布、管孔的类型、管孔频率以及穿孔板的分隔数量等的解剖特征都相对于另外两个树种更为原始。

6.6.2 讨 论

总体分析来看，同一产地同一时间种植的三种优良普洱茶树品种中，三者均在不断发生进化。从进化程度上看，长叶白毫总体进化较慢，但是整体上属于同一进化阶段，有的特征较为明显，如导管直径、导管长度、管孔频率、木射线高度等，这可以看出长叶白毫进化较慢，但从数值上看，差别并不是特别大；有的特征则不是特别明显，如穿孔板类型、横隔数、导管-射线间纹孔式、管间纹孔式基本相同，进一步证明了它们的进化处于同一阶段。与王军锋[110]等人对普通油茶和小果油茶的研究结果一致。

根据上述对同一产地同一时间种植的三种普洱茶树品种的分析，普洱茶树次生木质部微观构造特征的主要进化趋势如下：导管直径不断变大，管间纹孔式从现在的短对列、短梯状、大圆形梯状纹孔向互列纹孔趋势发展；梯状穿孔板的横隔从分支到网筛状到单管孔趋势进化，梯状穿孔板的横隔数不断减少；导管-射线间纹孔式从梯状向横列刻痕状、大圆形的趋势进化，最后随着管间纹孔式变成互列，导管-射线间纹孔式也变成类似管间纹孔式。

第3~6章节分别对中华木兰和三种古茶树(野生型、过渡型、栽培型)之间的亲缘关系、不同产地的三种普洱茶树(永德栽培型茶树、易武栽培型茶树、云抗10号)之间的亲缘关系、普洱市思茅区同一茶山同一时间种植的普洱茶树(云抗10号、长叶白毫和雪芽100号)之间的亲缘关系进行了比较分析,经过对9个树种分析后,得出茶树未经五桠果进化。因前面各章节环环相扣,只在同一章内进行相关树种比较,所以本章将对中华木兰、三种古茶树、不同产地普洱茶树、相同产地普洱茶树共8种木质部样品进行比较分析,从而更直观地比较中华木兰与茶树、茶树之间、普洱茶树之间的进化关系。

7.1 宏观特征比较分析

8种木质部样品的宏观特征比较见表7-1,可以看出,在肉眼下生长轮界除了易武栽培型茶树之外均明显,其中,中华木兰的生长轮每厘米的密度最小,野生型古茶树最多,其次为过渡型古茶树,其余五种茶树(均为栽培型的茶树)的生长轮密度相差不大,均在4~9轮/cm。

表7-1 8种木质部样品宏观特征

树种	生长轮	心边材	材色	气味	光泽	管孔分布	轴向薄壁组织	木射线
中华木兰	明显 (3~5轮/cm)	不明显	灰白色	具臭味	有	散孔材	环管束状	中至密,细至中
野生型古茶树	明显 (8~22轮/cm)	不明显	浅红褐色	无	有	半环孔材	星散状	中至密,细至中
过渡型古茶树	明显 (7~12轮/cm)	略明显	浅黄褐色	无	有	半环孔材	未见	密至甚密,甚细至中
栽培型古茶树	明显 (5~6轮/cm)	不明显	灰褐色	无	有	散孔材	星散状	中至密,细至中

（续）

树种	生长轮	心边材	材色	气味	光泽	管孔分布	轴向薄壁组织	木射线
易武栽培型茶树	不明显（7～9 轮/cm）	不明显	灰褐色	具清香味	无	散孔材	未见	密至甚密，甚细至细
云抗 10 号	明显（5～9 轮/cm）	明显	白灰至灰褐色	无	有	半散孔材	未见	中至密，细至中
长叶白毫	明显（4～6 轮/cm）	明显	灰褐至红褐色	无	有	散孔材	未见	中至密，细至中
雪芽 100 号	明显（5～6 轮/cm）	明显	褐色至深褐色	无	有	半散孔材	未见	不明显

中华木兰、野生型古茶树、过渡型古茶树、栽培型古茶树、易武栽培型茶树五个树种的心边材均不明显，云抗 10 号、长叶白毫和雪芽 100 号的心边材均明显；所有树种的材色相近；中华木兰和易武栽培型茶树的样品均有气味，分别是臭味和清香味；除了易武栽培型茶树的茶树样品光泽较弱，其余均有光泽。

8 种木质部样品中，中华木兰、栽培型古茶树、易武栽培型茶树、长叶白毫均为散孔材，野生型古茶树、过渡型古茶树、云抗 10 号和雪芽 100 号均为半散孔材或半环孔材。Gilbert 的研究认为环孔材较散孔材原始，而在这 8 种木质部样品中并非如此，可见环孔材特征与进化关系不大，而可能与生境有关。

中华木兰、野生型古茶树和栽培型古茶树轴向薄壁组织在肉眼下可见，分别为环管束状、星散状，其他树种肉眼下不可见。宏观状态下的木射线均差不多，最明显的区别在于雪芽 100 号的木射线未见，可能是木射线较细、较密不易看清。

7.2 微观特征比较分析

7.2.1 导管显微特征比较分析

8 种木质部样品的导管的显微特征比较具体见表 7-2，从表中的对比分析可以得出：

7.2.1.1 管孔类型

所有树种的管孔类型均具多边形轮廓，从管孔轮廓上可以看出树种之间没有特别大的进化趋势，均较为原始；其中雪芽 100 号偶见卵圆形，雪芽 100 号为栽培型茶树培育出来的优良品种，可以推测出雪芽 100 号在上述所有树种中较为进化。

7.2.1.2 管孔分布、组合及频率

8 种木质部样品中，中华木兰、栽培型古茶树、易武栽培型茶树、长叶白毫均为散孔材，野生型古茶树、过渡型古茶树、云抗 10 号和雪芽 100 号均为半散孔材或半环孔材。

表 7-2　8 种木质部样品的导管显微特征

树种	管孔				穿孔板		管间纹孔式	导管-射线间纹孔
	分布	类型	组合	频率/（个/mm²）	类型	平均横隔数		
中华木兰	散孔材	多边形	径列复管孔；管孔链；稀呈管孔团；单管孔较少	59	梯状	12	梯状、对列	梯状，梯状及对列混合(少)
野生型古茶树	半环孔材	多边形	单管孔、径列和弦列复管孔，复管孔多	366	梯状、对列至互列	14	梯状纹孔、梯状-对列、梯状-互列(少)	横列刻痕状和圆形
过渡型古茶树	半环孔材	多边形	单管孔及径列复管孔	185	梯状、对列和（或）互列	16	梯状、梯状-对列、梯状-互列(少)	横列刻痕状和圆形
栽培型古茶树	散孔材	多边形	单管孔及复管孔	118	梯状-对列	17	梯状-对列、梯状-互列(少)	横列刻痕状和圆形
易武栽培型茶树	散孔材	多边形	单管孔及复管孔	108	梯状、梯状-网状	18	梯状-对列、梯状-圆形	梯状，梯状及对列混合(多)
云抗10号	半散孔材	多边形	单管孔，复管孔偶见	131	梯状穿孔、梯状-互列	18	大圆形梯状及短对列、短梯状	大圆形、梯状或横列刻痕状
长叶白毫	散孔材	多边形	单管孔及复管孔	290	梯状穿孔、梯状-对列	22	短梯状	圆形-大圆形、梯状或横列刻痕状
雪芽100号	半散孔材	卵圆形，具多角形轮廓	单管孔及复管孔	81	梯状穿孔	18	短梯状纹孔、互列纹孔(少)	大圆形、梯状或横列刻痕状

中华木兰导管横切面具管孔链(4~7 个)，且径列复管孔较多；其余 7 种茶树中导管横切面均为单管孔及径列复管孔(2~3 个)，单管孔居多。但是云抗 10 号的横切面径列复管孔偶见，单管孔最多。从管孔组合可以得出：茶树由中华木兰较为明显的管孔链、管孔团向径列复管孔(2~3 个)及单管孔不断演化，其中云抗 10 号在上述所有茶树中较为进化。从管孔频率上并没有看出明显的进化趋势。

7.2.1.3　穿孔板

所有树种穿孔板类型均具梯状穿孔，从中华木兰开始，穿孔板横隔均出现分支，表现出对列、网状至互列的趋势，表明所有茶树均比中华木兰更为进化的特点。根据前几章对穿孔板的具体分析，可以明显看出中华木兰基本为梯状穿孔，横隔出现分支较少，野生型古茶树出现较多分支，向对列趋势发展，再到其余5种栽培型茶树，横隔变短，分支越来越多，易武栽培型茶树穿孔板较为矮胖，云抗10号出现的互列趋势更为明显，整体上得出从中华木兰—野生型古茶树—栽培型古茶树—云抗10号的进化趋势。

中华木兰穿孔板的横隔数最少，其次是野生型古茶树，所有栽培型茶树穿孔板的横隔数均相差不大，表明它们在进化程度上接近。

7.2.1.4 管间纹孔式

上述所有树种管间纹孔式均存在梯状、梯状及对列混合的纹孔类型，但是中华木兰梯状纹孔居多。从野生型古茶树开始，管间纹孔出现了梯状-对列、梯状-互列，但是野生型古茶树、过渡型古茶树、栽培型古茶树梯状-互列少，易武栽培型茶树、云抗10号、长叶白毫、雪芽100号管间纹孔出现了圆形、短梯状的纹孔。整体来看，管间纹孔式出现了从梯状向对列、对列向短对列-互列、圆形进化的趋势。

7.2.1.5 导管-射线间纹孔式

中华木兰导管-射线间纹孔式主为梯状，少数卵圆形；从野生型古茶树开始，所有茶树均出现了横列刻痕状及圆形的纹孔，表明上述所有茶树均从梯状纹孔向刻痕状及圆形进化。但是每个茶树的进化程度也不一样，野生型古茶树、过渡型古茶树和栽培型古茶树都为横列刻痕状及圆形；云抗10号、长叶白毫和雪芽100号均出现大圆形，说明这三者优良品种的茶树在导管-射线间纹孔式这个特征上最为进化，可以明显看出主要从中华木兰的梯状向横列刻痕状、圆形、大圆形趋势不断进化。

7.2.1.6 导管直径、长度

以SPSS对8种树种导管直径、长度进行单因素方差分析，选择Duncan方式，设置显著性水平$P=0.01$和$P=0.05$，$P=0.01$分析结果以英文大写字母标注子集，$P=0.05$分析结果以小写字母标注子集(图7-1)。

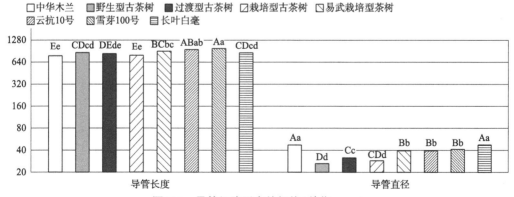

图 7-1　导管细胞形态特征值(单位：μm)

图 7-1 为 8 种木质部样品导管细胞形态特征值。导管长度均值由大到小依次为，雪芽 100 号>云抗 10 号>易武栽培型茶树>野生型古茶树>过渡型古茶树>栽培型古茶树/中华木兰，邻近树种之间的差异不显著，根据 Baileyan 木质部进化系统，导管长度长的较为原始，可见野生型、过渡型、栽培型古茶树的顺序与之相符，但中华木兰导管长度却比大部分茶树短，可能是中华木兰样品为幼龄材的原因，也可能是在导管长度这个特征上，中华木兰进化速度较茶树快。

经显著性分析，导管直径由小到大依次为，野生型古茶树<过渡型古茶树/栽培型古茶树<雪芽 100 号≈云抗 10 号/易武栽培型茶树<长叶白毫/中华木兰，根据 Baileyan 木质部进化系统分析，导管直径小的较为原始。可见野生型、过渡型、栽培型古茶树之间的进化顺序与之相符，普洱茶树不同品种中，长叶白毫较雪芽 100 号、云抗 10 号、易武栽培型茶树进化，但中华木兰导管直径却比大部分茶树直径大，可能是中华木兰样品为幼龄材的原因，也可能是在导管直径这个特征上，中华木兰进化速度较茶树快。

7.2.2　轴向薄壁组织显微特征比较分析

8 种木质部样品的轴向薄壁组织均为星散状、星散–聚合状及稀疏环管状；轴向薄壁组织的几何形态有细微区别，但总体差异不大。栽培型茶树的薄壁组织比野生型和过渡型古茶树略丰富，这与 Baileyan 木质部进化系统中轴线薄壁组织丰富者更进化的趋势相符。

7.2.3　木纤维显微特征比较分析

以 SPSS 对 8 种树种木纤维宽度、长度进行单因素方差分析，选择 Duncan 方式，设置显著性水平 $P = 0.01$ 和 $P = 0.05$，$P = 0.01$ 分析结果以英文大写字母标注子集，$P = 0.05$ 分析结果以小写字母标注子集(图 7-2)。

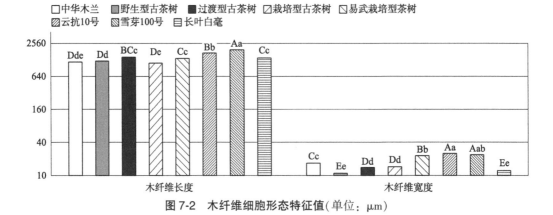

图 7-2　木纤维细胞形态特征值(单位：μm)

图 7-2 为 8 种木质部样品的木纤维长度和宽度特征值。

木纤维长度均值，栽培型古茶树<中华木兰<野生型古茶树<长叶白毫<过渡型古茶树<

易武栽培型茶树<云抗 10 号<雪芽 100 号；木纤维宽度均值，野生型古茶树<长叶白毫<过渡型古茶树<栽培型古茶树<中华木兰<野生型古茶树<雪芽 100 号<云抗 10 号<易武栽培型茶树。可见 8 种树种的木纤维长度和宽度的大小顺序与进化关系不符，因导管和木纤维都是由管胞演化而来，但木纤维由形成层分化后会经历次生加厚和次生伸长，不适合做进化的讨论。

7.2.4 木射线显微特征比较分析

以 SPSS 对 8 种树种木射线宽度、长度进行单因素方差分析，选择 Duncan 方式，设置显著性水平 $P=0.01$ 和 $P=0.05$，$P=0.01$ 分析结果以英文大写字母标注子集，$P=0.05$ 分析结果以小写字母标注子集(图 7-3)。

图 7-3 为 8 种木质部样品的木射线长度和宽度特征值。从图中可以得出，木射线高度顺序为：易武栽培型茶树<过渡型古茶树<雪芽 100 号<栽培型古茶树<云抗 10 号<野生型古茶树<长叶白毫<中华木兰，中华木兰的木射线高度远远高于其他茶树，从切片上也能看出木射线高度超出切片范围。木射线高度与进化关系不大。木射线宽度顺序为：长叶白毫<过渡型古茶树<野生型古茶树<云抗 10 号<易武栽培型茶树<雪芽 100 号<栽培型古茶树<中华木兰，木射线宽度与进化关系不大。

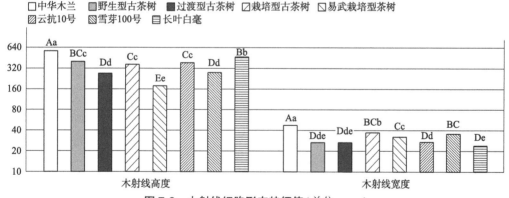

图 7-3 木射线细胞形态特征值(单位：μm)

8 种木质部样品的木射线组织类型对比见表 7-3。从表中可以看出，8 种木质部样品均有单列射线，均为异形单列，野生型古茶树单列木射线极少，过渡型和栽培型古茶树单列木射线少，三个优良品种的单列木射线变多，表明多列木射线不断向单列进化，野生型到栽培型再到优良种茶树呈现出一个不断进化的趋势，且云抗 10 号最为先进。多列木射线组织从中华木兰到野生型和栽培型古茶树，木射线高度变矮，且异形Ⅰ型、异形Ⅱ型变多，并出现了异形Ⅲ型，说明直立或方形细胞减少，横卧细胞变多，中华木兰在木射线特征上看较其他茶树原始。但几种茶树之间均存在异形Ⅰ型、异形Ⅱ型、异形Ⅲ型木射线，且规律不均匀，从多列木射线组织的类型中看不出几种茶树之间明显的进化趋势。

表 7-3　8 种木质部样品的木射线显微特征

树种	射线组织类型		备注
	单列	多列	
中华木兰	异形单列	异形Ⅱ型，偶见异形Ⅰ型（宽 2~3 个细胞，多数宽 2 个细胞）	有时多列部分与单列等宽；同一射线内有时出现 2 次多列部分
野生型古茶树	异形单列（极少）	异形Ⅰ型、异形Ⅱ型，偶见异形Ⅲ型（宽 2~3 个细胞）	
过渡型古茶树	异形单列（少）	异形Ⅱ型，异形Ⅰ型和异形Ⅲ型较异形Ⅱ型少（宽 2~3 个细胞）	
栽培型古茶树	异形单列（少）	异形Ⅰ型和异形Ⅱ型，偶见异形Ⅲ型（宽 2~3 个细胞）	
易武栽培型茶树	异形单列	多列异形Ⅲ型居多，异形Ⅱ型次之，偶见异形Ⅰ型（宽 2 个细胞）	
云抗 10 号	异形单列（较多）	多列主为异形Ⅱ型，异形Ⅰ型（宽 2~3 个细胞）	
长叶白毫	异形单列（多）	异形Ⅰ型，异形Ⅱ型次之，偶见异形Ⅲ型（宽 2~3 个细胞）	
雪芽 100 号	异形单列（多）	异形Ⅱ型，偶见异形Ⅰ型（宽 2~3 个细胞，偶宽 4 个细胞）	

7.3　本章小结

7.3.1　结　论

（1）宏观特征：没有看出 8 种树种之间存在明显的进化趋势。

（2）管孔类型：管孔轮廓均较为原始；其中优良品种雪芽 100 号在管孔类型特征上较为进化。

（3）管孔组合及管孔频率：从管孔组合可以得出，茶树由中华木兰较为明显的管孔链、管孔团向径列复管孔（2~3 个）及单管孔不断进化，其中云抗 10 号在所有茶树中较为进化。从管孔频率上并没有看出明显的进化趋势。

（4）穿孔板类型：从穿孔板的类型得出所有茶树均比中华木兰更为进化，整体上从中华木兰—野生型古茶树—栽培型古茶树—云抗 10 号呈现出一个不断进化的趋势，其中云抗 10 号最为先进。

（5）穿孔板横隔数：野生型古茶树和所有栽培型古茶树的穿孔板横隔数均相差不大，在进化程度上接近。

（6）管间纹孔式：从管间纹孔式微观特征分析得出，管间纹孔式从中华木兰之后出现了从梯状向对列、对列向短对列-互列、圆形进化的趋势，野生型古茶树、过渡型古茶树和栽培型古茶树进化程度相近，易武栽培型茶树和云抗 10 号较为进化。

（7）导管-射线间纹孔式：三个优良品种茶树在导管-射线间纹孔式这个特征上最为进化，主要从中华木兰的梯状向横列刻痕状、圆形、大圆形趋势不断进化。

（8）导管直径、长度：三种古茶树导管直径演化趋势为由小到大进化，导管长度由长到短进化，与 Baileyan 木质部进化系统理论相符。

（9）木射线高度：从木射线高度的变化可以得出，中华木兰最为原始，从中华木兰到野生型古茶树和栽培型古茶树木射线高度变矮，呈现出一定的进化趋势。

（10）木射线类型：从木射线类型的特征分析得出，多列木射线不断向单列进化，直立或方形细胞减少，横卧细胞变多，且云抗 10 号较为先进，但从多列木射线组织类型中看不出几种茶树之间明显的进化趋势。

7.3.2　讨　论

从木材解剖学的大多数微观特征来看，从中华木兰—野生型古茶树—栽培型古茶树—云抗 10 号整体上呈现出一个不断进化的趋势，但是也有的特征没有呈现出来明显的趋势，由此说明，系统进化不一定以相同的速度发生在植物的各部分，仅仅从某一种器官或某一种研究方法很难得出全面客观的结论，木材解剖学特征仅作为其中一种主要的参考依据，进化的研究需要更多角度的证据。

8 基于系统发育的茶树亲缘关系分析

8.1 材料与方法

8.1.1 材 料

本章研究分别选取五桠果、中华木兰、野生型古茶树、栽培型古茶树、云抗 10 号和易武栽培型茶树的气干材为实验材料。样品详细信息和产地来源见表 8-1。所有木材试样在进行 DNA 提取前均需用无菌刀片切除木材表面部分，并用 75% 的酒精清洗 2~3 次，以去除细菌及真菌等的污染。将木材试样切成薄片，置于研钵中加入液氮研磨成粉末备用。

表 8-1　样品信息

编号	样品名	样品采集地
A	五桠果	西双版纳勐腊自然保护区
B	中华木兰	临沧市永德县章太村古茶园
C	野生型古茶树	临沧市永德县塔驮古茶园
D	栽培型古茶树	临沧市永德县塔驮古茶园
E	云抗 10 号	普洱市思茅区曼连村
F	易武栽培型茶树	西双版纳勐腊易武丁家寨

8.1.2 方 法

8.1.2.1 DNA 提取

本研究采用改良 CTAB 法提取木材 DNA，具体方法参照刘金良等[111]的方法，稍做改动。称取 100mg 左右木材粉末置于 2ml 离心管中，加入 65℃预热的 2% CTAB 裂解液（0.1mol/l Tris，20mmol/l EDTA，1.4mol/l NaCl，2% β-巯基乙醇）900μl，充分混匀，加入 20mg PVP 粉末，再次混匀；65℃水浴 5h，水浴期间颠倒混匀 3~5 次；冷却至室温，加入 700μl 氯仿-异戊醇(24:1)和 200μl 的 7.0mol/l 乙酸铵溶液颠倒混匀 3min，12000r/min 离心 5min；取上清液至新的离心管中，先加入 0.6 倍体积冰冻的异丙醇，再加入 0.1 倍体积 5mol/l 的 NaCl 溶液，混匀后放入-20℃冰箱沉淀 10min；将上一步所得混合物加入吸附柱中(每次 700μl)，吸附柱放入收集管中，12000r/min 离心 1min，倒掉废液，吸附柱放入收集管中，以同样的方式直至将混合液全部加完为止；加入 500μl 70% 乙醇溶液，12000r/min离心 30s，弃掉废液，重复该操作一次；将吸附柱放回空收集管中，12000r/min 离心 2min，吸附柱开盖置于室温放置 2~5min；取出吸附柱，放入一个干净的 1.5ml 离心管中，在吸附膜的中间部位加入 65℃预热的 TE 缓冲液 80μl，室温放置 2~5min，12000r/min 离心 2min；所得溶液即为 DNA 样品，置于-20℃条件下保存备用。

8.1.2.2 DNA 浓度及质量检测

取 1μl DNA 样品，用 NanoDropND-2000 超微量分光光度计测定 DNA 浓度和 OD$_{260/280}$比值，并用 2.0%的琼脂糖凝胶电泳检测 DNA 样品的完整性及降解程度。

8.1.2.3 引物设计、PCR 扩增及测序

参照石林春等[112]对 *matK* 通用引物的研究，选择合适的基因组序列，利用 Primer Premier 6.0 软件设计 *matK* 序列通用引物，所得通用引物序列为：*matK*-F(5'-CGTACAG-TACTTTTGTGTTTACGAG-3')、*matK*-R(5'-ACCCAGTCCATC TGGAAATCTTGGTTC-3')，最佳退火温度为 57℃。

PCR 采用金牌 Mi×(green)Golden Star T6 Super PCR Mix(1.1×)反应体系。该体系包括 DNA polymerase、Buffer、dNTPs 等组分，只需添加引物和 DNA 模板即可进行 PCR 扩增。本研究中使用的是 25μl 反应体系，详见表 8-2。反应程序参照乔梦吉等[113]的方法：94℃预变性 5min，接着每个循环 94℃变性 30s，最佳退火温度退火 30s，72℃延伸 1min，共 35 个循环，最后 72℃延伸 10min。PCR 扩增产物用 2.0%琼脂糖凝胶电泳检测，200mA 电泳 30min，最后用 OSE-470P 型 TGel 蓝光凝胶成像系统观察、拍照，将有亮带的 PCR 产物进行测序。

表 8-2　25μl PCR 反应体系详情

Component	25μl Reaction
金牌 Mi×(green)	22μl
10μM Primer F	1μl
10μM Primer R	1μl
Template DNA	1μl

注：μM 为 μmol/l 的简写。

8.2　结果与分析

8.2.1　DNA 提取结果分析

DNA 提取结果见表 8-3，每个样品 3 个重复，括号内数值为标准差。从表中可以看出，

这 6 种木材 DNA 浓度均值都大于 50 ng/μl，可以满足 PCR 扩增的要求。$OD_{260/280}$ 值介于 1.9~2.1，表明存在微量 RNA 等杂质污染，但不足以对 PCR 产生影响，相关研究表明，PCR 反应对 DNA 的纯度要求并不十分苛刻[114-118]。

表 8-3　木材 DNA 浓度及纯度

木材名称	$OD_{260/280}$	浓度（ng/μl）
五桠果	1.99(0.04)	231.50(6.26)
中华木兰	2.02(0.03)	145.83(17.68)
野生型古茶树	2.03(0.02)	113.97(22.16)
栽培型古茶树	2.09(0.03)	217.47(5.59)
云抗 10 号	2.04(0.02)	54.47(8.20)
易武栽培型古茶树	2.04(0.03)	172.57(31.18)

8.2.2　木材总 DNA 凝胶电泳结果分析

木材总 DNA 凝胶电泳结果如图 8-1 所示，6 种木材总 DNA 电泳条带均呈现弥散带状，在 100~250bp 位置附近条带亮度明显，说明存在许多降解的短片段，其中五桠果木材总 DNA 在 10000bp 位置几乎看不到明亮的带状，说明其降解最为严重，其余 5 种木材总 DNA 在 10000bp 位置都有发亮的条带，说明木材 DNA 基因组较为完整，整体质量较好。

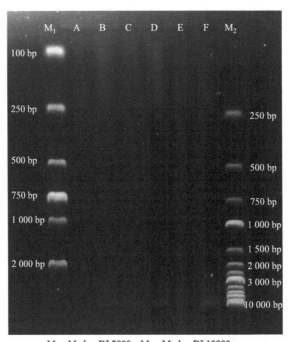

M_1—Marker DL2000；M_2—Marker DL10000。

图 8-1　木材总 DNA 凝胶电泳结果

8.2.3　PCR 扩增结果分析

取 PCR 扩增产物 2μl 用 2% 琼脂糖凝胶电泳进行检测，凝胶成像电泳结果如图 8-2 所示，图中条带明暗程度差异是梯度 PCR 的结果，2 个重复样品的先后顺序均为最佳退火温度（Tm）和 $Tm+2℃$。$matK$ 序列的 PCR 产物长度为 750~1000bp，而预期产物长度约为 880bp，因此所得扩增产物满足测序要求。

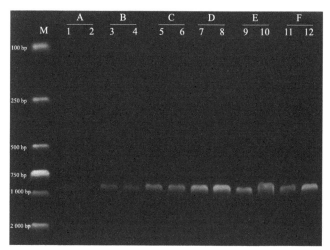

M—Marker DL2000；1~2—五桠果；3~4—中华木兰；5~6—野生型古茶树；
7~8—栽培型古茶树；9~10—云抗10号；11~12—易武栽培型古茶树。

图 8-2　*matK* 序列 PCR 扩增结果

8.2.4　系统发育分析

将测序后经过手工修正和拼接的序列在 NCBI 上进行 BLAST 相似性检索，6 种木材基因测序所得序列长度为 800~860bp，在 Genbank 数据库中的相似性均高于 99%，6 条序列均有较高的相似度，测序结果可靠。

从 GenBank 数据库中分别下载 5 段序列（MH394407.1、MH394408.1、KF156839.1、MT682863.1、KF224977.1）与测序所得的 6 段序列利用软件 MEGA 7.0 进行多重比对后采用邻接法（neighbor joining，NJ）构建系统发育树，结果如图 8-3 所示。6 个树种总体聚为 3 个分支，普洱茶、栽培型古茶树、云抗 10 号、易武栽培型茶树与大理茶、野生型古茶树的 2 个亚支共同形成茶组植物分支，茶组植物分支与木兰属形成一个大的分支，而五桠果 A 则单独聚为一支，各分支的自举支持率均高于 90%，说明聚类结果可靠。

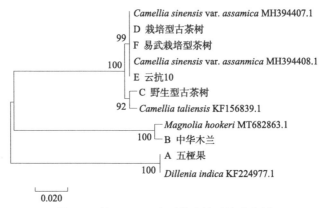

图 8-3　基于 *matK* 序列构建的系统发育树

8.3　本章小结

8.3.1　小　结

通过对五桠果、中华木兰和 4 种茶树木材总 DNA 的提取，*matK* 条形码 PCR 扩增、测序及系统发育分析，得出结果如下：

（1）6 种木材均能提取到可以满足 PCR 扩增的 DNA，使用的 *matK* 条形码可以成功地从 6 种木材 DNA 中扩增出来，并成功测序。

（2）基于 *matK* 序列构建的系统发育分析得出中华木兰与茶组植物亲缘关系更为接近，而五桠果单独聚为一支，其与茶组植物的亲缘关系更远。

8.3.2　结论与讨论

分子系统学是通过获取生物核酸信息，并结合生物信息学技术进行物种系统发育分析的一种研究手段，现在已经成为动植物系统分类的研究热点。本实验采用的 *matK* 条形码对 4 种茶树树种、中华木兰和五桠果进行系统发育分析具有一定的参考价值，但是由于木材 DNA 本身存在降解，扩增得到的 DNA 片段包含的生物学信息数据不够全面，因此为了得到更为可靠的数据，还需要更多的物种资源及更全面的基因组数据。

9 茶园茶树的茶叶理化分析

1935 年，在荷兰召开的国际植物学会议，通过了把茶树列入山茶属（*Camellia*）的决议，包括作为一个独立单位的茶属在内。但是山茶和茶树之间也有很大的区别，直到目前，在自然界没有发现含有咖啡碱的山茶，而在茶树的叶子中咖啡碱的形成和积累较多，约占干物质的 5%，咖啡碱在茶籽中没有发现，这可以证明山茶和茶树系统发育的近缘[119]。现在已经查明山茶和茶树的叶片在儿茶素的含量和组成上都有较大的差异。大量文献指出，茶树经历了第三纪的地壳运动后得以从山茶科中最终分离出来，并在此后漫长的岁月中逐渐分化，演化成现代的茶树[120-123]。茶树是富含多酚类物质的植物，其含量占干物质重 30% 左右，对于有关茶多酚的研究，不管在应用上，还是在基础理论上，一直为茶业界的一个重要方向，已发表不少论文[124]。其中，有关茶树进化的文章大多是从茶多酚含量和组成比例来说明茶树的分类和进化。

闵天禄[61]的分类学研究已阐明，大理茶的形态特征与栽培大叶茶（又称普洱茶）十分相似，主要区别在于树体高大，顶芽、幼枝及叶片均无毛，叶片光滑，花柱 5 裂，子房被绒毛，茶多酚、儿茶素和氨基酸含量相对小叶茶和大叶茶偏低，被认为是与茶树亲缘关系较近的物种。杨崇仁等[71]研究证实，大理茶的理化成分与栽培茶树十分接近，大理茶富含咖啡碱和茶多酚，是迄今为止理化成分与栽培茶树最为接近的野生型茶组植物[125-127]。儿茶素是茶叶中含有的一类多酚类物质，是茶多酚的主要组分，茶多酚在茶叶中的含量很高，茶树的各个器官都含有茶多酚，但茶多酚主要集中在茶树的嫩叶和芽中。茶多酚作为茶叶的主要品质成分，对茶叶品质产生积极的影响[128-130]。

本研究中的实验用茶叶冰岛和易武是普洱茶山头茶的典型代表，是重要的茶树遗传资源。班崴茶树被称为茶树进化活化石，它是唯一一种拥有全国发行邮票的茶叶品种。中华木兰与永德古茶园在同一茶山，同时野生型、过渡型和栽培型三类古茶树都有各自的珍贵古茶园，这使得其次生木质部微观构造比较具备了客观性和代表性。同时进行相应的茶叶理化检测分析对比。本研究中的实验用茶叶国家级茶树良种云抗 10 号是云南省农业科学院茶叶研究所 1954 年从南糯山自然群体中单株选育而成的品种，审定编号为滇茶一号，推广种植面积已占云南省良种推广的 85% 以上，创下全国茶叶大面积亩产和最高单产两项纪录，在云南种植面积超 130 万亩，是普洱茶的重要原料，成云南茶业最大当家品种[131]。长叶白毫在 1986 年定为云南省级良种，是云南优良品种，在普洱茶主产区临沧、普洱和西双版纳大面积种植，也是云南茶业的主要原料。雪芽 100 号在 2001 年被定为普洱市级品种。上述选择的 3 个品种在普洱市思茅区同一茶山同一时间种植，也具有次生木质部微观构造比较的客观性和代表性，同时进行相应的茶叶理化检测分析对比。

9.1 材料与方法

9.1.1 材　料

永德塔驮村古茶园 3 种古茶树(野生型、过渡型和栽培)茶叶春茶一芽二叶，易武丁家寨普洱茶(栽培型)春茶一芽二叶，国家级茶树良种云抗 10 号(普洱市思茅区曼连村丁家箐)春茶一芽二叶，云南省级良种长叶白毫(普洱市思茅区曼连村丁家箐)春茶一芽二叶，地方良种雪芽 100 号(普洱市思茅区曼连村丁家箐)春茶一芽二叶。

9.1.2 方　法

9.1.2.1 仪器设备

液-质-质联用仪、电感耦合等离子体质普联用仪、凝胶色谱仪、气相色谱-质谱仪、高效液相色谱仪。

9.1.2.2 化学试剂

主要化学试剂：磷酸二氢钾、硫酸亚铁。

9.1.2.3 检测方法

GB 5009.3—2016《食品安全国家标准　食品中水分的测定》中的第一法[132]，GB/T 8305—2013《茶　水浸出物测定》[133]，GB/T 8313—2018《茶叶中茶多酚和儿茶素类含量的检测方法》[134]，GB/T 23193—2017《茶叶中茶氨酸的测定　高效液相色谱法》[135]，GB/T 8312—2013《茶　咖啡碱测定》中的第一法[136]。

9.2 茶叶理化成分检测

云抗 10 号春茶一芽二叶含有氨基酸 3.2%，茶多酚 35.0%，儿茶素 13.5，咖啡碱 4.5%，水浸出物 45.5%；长叶白毫春茶一芽二叶含有氨基酸 3.1%，茶多酚 34.8%，儿茶素 12.4，咖啡碱 5.1%，水浸出物 43.7%；雪芽 100 号春茶一芽二叶含有氨基酸 1.75%，茶多酚 42.9%，儿茶素 12.2，咖啡碱 4.86%，水浸出物 45.5%。

其他茶叶心理化成分检测结果见表9-1～表9-4。

表9-1　野生型古茶树茶叶检测理化成分

检测项目		计量单位	标准要求	检测结果	单项判定	检测方法
理化指标	水分	%	/	8.0	/	GB 5009.3—2016 第一法
	水浸出物	%	/	49.6	/	GB/T 8305—2013
	茶多酚	%	/	19.8	/	GB/T 8313—2018
儿茶素	EGC	%	/	2.10	/	GB/T 8313—2018
	C	%	/	0.21	/	GB/T 8313—2018
	EC	%	/	0.60	/	GB/T 8313—2018
	EGCG	%	/	7.14	/	GB/T 8313—2018
	ECG	%	/	3.19	/	GB/T 8313—2018
	儿茶素总量	%	/	13.23	/	GB/T 8313—2018
游离氨基酸总量		%	/	2.1	/	GB/T 8314—2013
咖啡碱		%	/	4.4	/	GB/T 8312—2013 第一法
茶氨酸		%	/	1.52	/	GB/T 23193—2017

注：EGC 为表没食子儿茶素，C 为儿茶素，EC 为表儿茶素，EGCG 为表没食子儿茶素没食子酸酯，ECG 为表儿茶素没食子酸酯；下同。

表9-2　过渡型古茶树茶叶检测理化成分

检测项目		计量单位	标准要求	检测结果	单项判定	检测方法
理化指标	水分	%	/	9.7	/	GB 5009.3—2016 第一法
	水浸出物	%	/	43.2	/	GB/T 8305—2013
	茶多酚	%	/	16.7	/	GB/T 8313—2018
儿茶素	EGC	%	/	1.23	/	GB/T 8313—2018
	C	%	/	0.21	/	GB/T 8313—2018
	EC	%	/	0.60	/	GB/T 8313—2018
	EGCG	%	/	7.14	/	GB/T 8313—2018
	ECG	%	/	3.19	/	GB/T 8313—2018
	儿茶素总量	%	/	12.36	/	GB/T 8313—2018
游离氨基酸总量		%	/	1.4	/	GB/T 8314—2013
咖啡碱		%	/	3.4	/	GB/T 8312—2013 第一法
茶氨酸		%	/	0.91	/	GB/T 23193—2017

表9-3　栽培型古茶树茶叶检测理化成分

检测项目		计量单位	标准要求	检测结果	单项判定	检测方法
理化指标	水分	%	/	5.3	/	GB 5009.3—2016 第一法
	水浸出物	%	/	46.4	/	GB/T 8305—2013
	茶多酚	%	/	24.3	/	GB/T 8313—2018

（续）

检测项目		计量单位	标准要求	检测结果	单项判定	检测方法
儿茶素	EGC	%	/	0.70	/	GB/T 8313—2018
	C	%	/	0.21	/	GB/T 8313—2018
	EC	%	/	0.60	/	GB/T 8313—2018
	EGCG	%	/	7.14	/	GB/T 8313—2018
	ECG	%	/	3.19	/	GB/T 8313—2018
	儿茶素总量	%	/	11.81	/	GB/T 8313—2018
游离氨基酸总量		%	/	2.1	/	GB/T 8314—2013
咖啡碱		%	/	3.2	/	GB/T 8312—2013 第一法
茶氨酸		%	/	0.90	/	GB/T 23193—2017

表 9-4　易武栽培型茶树茶叶检测理化成分

检测项目		计量单位	标准要求	检测结果	单项判定	检测方法
理化指标	水分	%	/	7.7	/	GB 5009.3—2016 第一法
	水浸出物	%	/	45.5	/	GB/T 8305—2013
	茶多酚	%	/	22.0	/	GB/T 8313—2018
儿茶素	EGC	%	/	1.36	/	GB/T 8313—2018
	C	%	/	0.43	/	GB/T 8313—2018
	EC	%	/	1.61	/	GB/T 8313—2018
	EGCG	%	/	5.94	/	GB/T 8313—2018
	ECG	%	/	4.48	/	GB/T 8313—2018
	儿茶素总量	%	/	13.82	/	GB/T 8313—2018
游离氨基酸总量		%	/	2.8	/	GB/T 8314—2013
咖啡碱		%	/	3.0	/	GB/T 8312—2013 第一法
茶氨酸		%	/	1.48	/	GB/T 23193—2017

9.3　普洱茶与大理茶茶叶理化成分比较分析

儿茶素属于黄烷醇类化合物，是茶树重要的次生代谢物质。茶叶中的儿茶素含量一般为 12%~24%。从表 9-5、表 9-6 看，产于云南永德和双江的大理茶和普洱茶儿茶素总量平均值都未达到较高标准含量（≥18%），但普洱茶的平均值高于大理茶 6.75%，最高值和最低值分别高出 75.8% 和 8.0%，大理茶的平均值未达到最低含量的 12%，与红茶品质密切相关的 EGCG 和 EGC，除 EGCG 最高值外，也都是普洱茶高于大理茶。这是普洱茶制红茶优于大理茶的生化基础。茶树越是进化，次生代谢机能越强，产生的次生代谢物越多，因此表明大理茶（野生型古茶树）在系统进化上比普洱茶（栽培型古茶树）原始。

表 9-5　普洱茶与大理茶理化成分的比较

单位:%

项目		普洱茶	大理茶
水浸出物	平均	45.91±12.30	44.66±3.20
	最大值	53.33	49.60
	最小值	35.87	36.10
	≥60%样本阈值	43.0~47.0	42.0~47.0
茶多酚	平均	24.88±3.24	23.42±5.13
	最大值	32.17	33.17
	最小值	17.50	9.73
	≥60%样本阈值	24.0~27.0	24.0~28.0
儿茶素	平均	16.12±4.00	12.37±5.60
	最大值	23.73	22.84
	最小值	6.05	4.75
	≥60%样本阈值	15.0~19.0	9.5~16.4
氨基酸	平均	2.94±1.11	2.86±1.08
	最大值	6.07	5.06
	最小值	1.10	0.51
	≥60%样本阈值	2.2~3.5	1.8~3.5
咖啡碱	平均	4.12±0.81	3.52±0.95
	最大值	5.46	5.18
	最小值	2.30	1.25
	≥60%样本阈值	3.7~5.0	2.0~3.5
茶氨酸	平均	2.32	1.83
	最大值	3.85	2.44
	最小值	1.23	0.94

表 9-6　临沧普洱茶与大理茶儿茶素组分比较

单位:%

品种	值	儿茶素总量	EGC	C	EGCG	EC	ECG
普洱茶	平均	16.75	0.66	7.33	4.65	1.24	2.87
	最高	21.52	1.28	11.13	5.79	1.78	5.68
	最低	12.36	0.42	4.49	3.64	0.85	0.11
大理茶	平均	10.00	0.34	2.34	3.45	1.05	2.82
	最高	12.24	0.69	3.63	7.33	1.74	4.83
	最低	6.55	0.00	0.79	2.12	0.79	0.07

注：普洱茶样品 6 份，大理茶样品 5 份，均为 2021 年云南临沧生化样。

9.4　本章小结

（1）检测结果表明，大理茶与过渡型古茶树的理化成分呈现不稳定的动态变化，但都与栽培型大叶茶和小叶茶十分接近，属于富含咖啡碱和茶多酚的类型，是迄今为止内含成分与栽培型茶树最为接近的植物，其茶多酚的组成与栽培型茶几乎一致，但是含量偏低。3种古茶树（野生型、过渡型和栽培型）的茶叶茶多酚呈现出逐步升高，从16.7%到19.8%，最后到达24.3%。除了茶多酚外，野生型和栽培型古茶树茶叶的其他理化检测指标接近。

（2）理化成分研究表明，不同类型间的理化成分含量与形态特征有很高的吻合性，从野生到栽培的驯化过程中，茶多酚含量呈增长的趋势，儿茶素类的含量呈现不稳定的动态变化，特别是表没食子儿茶素EGC有差异性，但表儿茶素EC和酯型儿茶素相对稳定。

（3）研究表明，氨基酸组成和茶氨酸含量与茶树的进化层次有密切关系，氨基酸含量和茶氨酸含量随茶树进化层次的提高呈累积趋势。而3种古茶树（野生型、过渡型和栽培型）的咖啡碱含量变化不大。

后 记

基于木质部构造对普洱茶树的亲缘关系的研究，可以推广到其他茶种如大厂茶（*C. tachangensis*）、广西茶（*C. kwangsiensis*）、秃房茶（*C. gymnogyna*）的亲缘关系的研究中，对于以一个崭新视角来研究茶树的起源、进化、遗传、育种推广有深远意义，对于如何根据茶树的进化和亲缘关系培育优良品种及进行推广，对于茶叶产业具有重要意义。

茶树品种、茶叶加工工艺直接影响茶叶产品档次，在茶叶加工中需要依据茶树品种不同选择合适的加工工艺，在产品开发中，必须依据茶树品种进行开发。越进化的茶树品种能加工的茶叶产品就越丰富，而越原始的茶树品种能加工的产品就越少。因此一些原始的茶树树种并不适合用于开发茶叶产品，少数茶树种类可以开发 1 ~ 2 种茶叶产品，如厚轴茶适合做白茶和红茶，生普的品质较差，而与普洱茶亲缘关系较接近的大理茶可以开发的茶叶产品较多，包括红茶、白茶、生普、熟普；而国家级优良品种云抗 10 号可以做绿茶、红茶、白茶、生普、熟普等。古茶树的植物形态、木质部的进化特征与茶叶次生代谢成分含量有相关关系，研究表现为进化后的茶树茶叶次生代谢产物含量提高，那么古茶树由野生型到栽培型是自然进化还是人工选择进化的结果，还是两者共同的影响？木质部构造在茶叶积累次生代谢产物中起到了什么作用？这些都是值得研究的问题。

中华木兰较五桠果原始，但是导管特征中，中华木兰梯状穿孔板的横隔数较五桠果的少，与 Baileyan 木质部进化系统中"梯状穿孔横隔数越多越原始"的理论相悖，其原因可能是所取的中华木兰样品的穿孔板横隔数得到了一定的进化，而五桠果的样品中穿孔板的横隔数没有发生太大的进化，但其他特征均已经发生进化，可见树种木质部进化特征存在不均匀性，也可能存在如取样部位、生境差异等其他的原因。这也印证了前人研究中发现的木质部解剖构造进化的不均匀性的特征。

研究发现同一茶山同时种植的不同品种普洱茶的木质部特征较不同地区产额不同品种差异小，与前人研究中木质部特征与生长环境条件有关的结果相符合，从长的时间跨度看，气候、土壤等生境条件能引起植物形态（包括木质部）特征的改变而成为进化特征，从短的时间跨度来看，干旱条件易引起导管尺寸等少数特征的变化。关于木质部解剖特征与植物进化、生境、木质部功能之间的关系还有很多值得研究的问题。

木质部特征的进化趋势至今是一个未能从科学理论解释的问题，从目前对木质部解剖特征的演化趋势研究，可以了解到木质部解剖构造不仅与植物进化和亲缘关系相关，还与植物生理功能密切相关，而植物生理与海拔、温度、日照、降水、土壤、病虫害等环境条件有密切的关系，但要获得具有详细生境信息的木质部标本是比较困难的，这些复杂的因素导致木质部构造特征演变的研究面临比较大的困境，而茶树是一类较原始的物种，既有自然分布的植物群落，又具有广泛栽培分布，可以为木质部进化的研究提供丰富的样品。在本研究的基础上，进一步研究山茶科植物的木质部解剖，可以完善 Baileyan 提出的木质部进化系统，为山茶科植物的进化和亲缘关系研究提供新的角度。

通过建立相关茶树次生木质部标本库，为今后古茶树的品种提供数据库，并建立相关数模和指数分析，为将来逆向分析古茶树的生态环境、茶叶品质和保护利用提供学术建议，通过茶树木材解剖和特征分析，找到导管、木射线进化先进的茶树进行育种和测试，并申请品种保护，是木材解剖学原理对茶叶品种保护的运用思路。在政府和社会进一步发展茶叶商品生产的大趋势中，在追求更高经济效益的同时，减少有限资源盲目开发，保护稀有品种，使古茶山构造稳定，经得住自然的考验和市场的波动，让经济效益与生态效益和社会效益统一起来。

古茶山是一种特殊的生态系统，它由以茶树为主体的生命系统和由光、热、水、气、土、生物等因子结合在一起的环境系统所构成，它的构造演变由从事茶叶生产的人通过生产经营活动来导向，真正的制导因素是商品经济的发展与人们对三大效益的认识。茶叶生产是一种社会经济活动，受经济规律的严格支配。当人们的认识受到社会生产力水平与科学知识的限制，尚不能深刻洞察生命系统对环境系统的依存关系时，通过劳动创造的价值（经济效益）表面上高于重于生态效益的现象，会诱导生产活动偏离生态稳定性的运动轨道，最后导致古茶山生态系统的崩溃。古茶树资源茶山非茶叶林产品的开发利用，既可满足茶区居民的需求，最大限度地保持森林的构造和功能，维护林业部门对森林的保护，满足环保部门及发展援助组织所关注的森林环境的保持和减少森林植被破坏的要求，原住民依赖于森林中的各种非茶叶林产品，为持续获得这些有用的动植物资源，他们必须保护和维护森林生态系统的良性循环，保护生物多样性，进而实现古茶山和茶园生态环境系统的稳定。

著　者

2024 年 3 月

参考文献

[1]SEALY J R. A revision of the genus Camellia[M]. London：The Royal Horticultural Society，1958.

[2]张宏达. 山茶属植物的系统研究[J]. 中山大学学报(自然科学版)，1981(1)：108-127.

[3]张宏达. 茶叶植物资源的订正[J]. 中山大学学报(自然科学版)，1984(1)：1-12.

[4]闵天禄，张文驹. 山茶属植物的进化与分布[J]. 云南植物研究，1996(1)：1-13.

[5]杨世雄. 茶组植物的分类历史与思考[J]. 茶叶科学，2021，41(4)：439-453.

[6]赵潽恋. 中国少数民族茶文化研究[D]. 北京：中央民族大学，2010.

[7]唐小艳，吴兴兴，龚雨茂，等. 云南古茶树资源保护现状研究[J]. 福建茶叶，2022，44(3)：275-277.

[8]汪云刚，刘本英，宋维希，等. 云南茶组植物的分布[J]. 西南农业学报，2010，23(5)：1750-1753.

[9]江正栋. 基于叶绿体DNA的山茶属植物的分子系统学和生物地理学初探[D]. 杭州：浙江理工大学，2017.

[10]虞富莲. 评陈珲的杭州茶树起源中心说[J]. 茶叶，2005(4)：207-208.

[11]张顺高，梁凤铭. 云南茶叶系统生态学[M]. 昆明：云南科技出版社，2016.

[12]胡伊然，陈璐瑶，蒋太明. 贵州晴隆茶籽化石的发现及其价值[J]. 农技服务，2019，36(11)：83-86.

[13]凌文锋. 茶马古道与"牵牛花"网络：茶叶与滇藏川的文脉化研究[D]. 昆明：云南大学，2012.

[14]何昌祥. 从木兰化石论茶树起源和原产地[J]. 农业考古，1997(2)：205-210.

[15]张宏达. 山茶属植物的系统研究[M]. 广州：中山大学出版社，1981.

[16]闵天禄. 世界山茶属的研究[M]. 昆明：云南科技出版社，2000.

[17]杨世雄，方伟，余香琴. 广西茶组植物新记录：光萼厚轴茶[J]. 广西林业科学，2021，50(5)：493-495.

[18]虞富莲. 论茶树原产地和起源中心[J]. 茶叶科学，1986(1)：1-8.

[19]虞富莲. 茶源贵州依据充分[J]. 当代贵州，2019(27)：14.

[20]刘玉壶. 木兰科分类系统的初步研究[J]. 中国科学院大学学报，1984，22(2)：89-109.

[21]杨世雄，段兆顺. 云南茶树物种资源及其特点[J]. 普洱，2021(8)：48-55.

[22]尚卫琼，杨勇，段志芬，等. 云南省景洪市古茶树资源农艺性状多样性分析[J]. 山东农业科学，

2015, 47(11)：23-26.

[23]刘福桥, 李强, 戎玉廷, 等. 云南双江县古茶树种质资源的表型多样性[J]. 中国茶叶, 2017, 39 (4)：22-25.

[24]陈洪宇, 陶燕蓝, 罗义菊, 等. 西南地区10种茶组植物表型多样性分析[J]. 分子植物育种, 2022：1-17.

[25]刘娜, 徐亚文, 韩利艳, 等. 普洱熟茶不同溶剂萃取层中儿茶素及黄酮醇类化合物差异的研究[J]. 食品安全质量检测学报, 2022, 13(06)：1718-1725.

[26]吴玲玲, 张秀芬, 梁光志, 等. 不同茶树品种紫色芽叶茶叶中多酚类与咖啡碱含量比较分析[J]. 茶叶通讯, 2022, 49(1)：42-8.

[27]刘昌伟, 张梓莹, 王俊懿, 等. 茶黄素生物学活性研究进展[J]. 食品科学, 2022, 1-17.

[28]陈春林, 解星云, 黄玫, 等. 云南特异茶树种质资源的研究进展[J]. 湖南农业科学, 2014(12)：1-3.

[29]蒋会兵, 唐一春, 陈林波, 等. 云南省古茶树资源调查与分析[J]. 植物遗传资源学报, 2020, 21 (2)：296-307.

[30]郑万钧. 中国树木志[M]. 北京：中国林业出版社, 1983.

[31]中国科学院中国植物志编辑委员会. 中国植物志[M]. 北京：科学出版社1990.

[32]ZHAO D W, HODKINSON T R, PARNELL J A N. Phylogenetics based on three nuclear regions and its implications for systematics and evolutionary history of global Camellia (Theaceae)[J]. Journal of Systematics and Evolution,, 2022, 1-23.

[33]SHUAI C, RUOYU L, YAYING M, et al. The complete chloroplast genome sequence of Camellia sinensis var. sinensis cultivar Tieguanyin (Theaceae)[J]. Mitochondrial DNA Part B, 2021, 6(2)：395-396.

[34]LI L, HU Y, HE M, et al. Comparative chloroplast genomes：insights into the evolution of the chloroplast genome of Camellia sinensis and the phylogeny of Camellia[J]. BMC Genomics, 2021, 22(1)：1-22.

[35]CHUN Y, DAHE Q, YAN G, et al. The complete chloroplast genome sequence of Camellia sinensis cultivar 'Qiancha1'from Guizhou Province, China[J]. Mitochondrial DNA Part B, 2022,, 7(2)：404-405.

[36]WU Q, TONG W, ZHAO H, et al. Comparative transcriptomic analysis unveils the deep phylogeny and secondary metabolite evolution of 116 Camellia plants[J]. The Plant Journal, 2022, 1-35.

[37]李金秋, 和明珠, 万人源, 等. 大理茶的研究进展[J]. 安徽农业科学, 2022, 50(8)：12-17.

[38]黄桂枢. 论云南澜沧邦崴古茶树发现的价值[J]. 茶业通报, 1994, 16(1)：35-38.

[39]黄桂枢. 论云南思普区古代濮人对祖国茶文化发展的贡献[J]. 固原师专学报, 2000(5)：48-51, 58.

[40]邱辉. 从邦崴古茶树的发现看茶树的起源与演化[J]. 农业考古, 1993(4)：102-105.

[41]MARTíNEZ-CABRERA H I, ESTRADA-RUIZ E. Influence of phylogenetic relatedness on paleoclimate estimation using fossil wood：Vessel and fiber-related traits[J]. Review of Palaeobotany and Palynology, 2018, 251：73-77.

[42]邓传远. 几种红树植物的木材解剖学研究[D]. 厦门：厦门大学, 2001.

[43]BAILEY I W, TUPPER W W, Size variation in tracheary cells. I. A comparison between the secondary xylems of vascular cryptogams, gymnosperms and angiosperms[M]. 1918.

[44]BAILEY I W. The development of vessels in angiosperms and its significance in morphological research. [J].

American Journal of Botany, 1944, 31(7): 421-428.

[45] BAAS P, WHEELER E A. Parallelism and Reversibility in Xylem Evolution a Review[J]. IAWA Journal, 1996, 17(4): 351-364.

[46] 李红芳, 田先华, 任毅. 维管植物导管及其穿孔板的研究进展[J]. 西北植物学报, 2005, 2: 419-424.

[47] WIEGREFE S J, SYTSMA K J, GURIES R P. The Ulmaceae, one family or two? Evidence from chloroplast DNA restriction site mapping[J]. Plant Systematics and Evolution, 1998, 210(3/4): 249-270.

[48] CARLQUIST S. Originand nature of vessels in Monocotyledons Araceaesub family Colocasioideae[J]. Botanical Journal of the Linnean Society, 1998, 128: 71-86.

[49] RICHTER H G. Wood and Bark Anatomy of Lauraceae III. Aspidostemon Rohwer' Richter[J]. Iawa Journal, 1990, 11(1): 47-56.

[50] OLSON M E. From Carlquist's ecological wood anatomy to Carlquist's Law: why comparative anatomy is crucial for functional xylem biology[J]. American Journal of Botany, 2020, 107(10).

[51] CARLQUIST S. Wood anatomy of atherospermataceae and allies: strategies of wood evolution in basal angiosperms[J]. Allertonia, 2018, 17: 1-52.

[52] FREDERIC L, A V R, GUILLAUME C, et al. Scalariform-to-simple transition in vessel perforation plates triggered by differences in climate during the evolution of Adoxaceae[J]. Annals of botany, 2016, 118(5): 1043-1056.

[53] PACE M R, GEROLAMO C S, ONYENEDUM J G, et al. The wood anatomy of Sapindales: diversity and evolution of wood characters[J]. Brazilian Journal of Botany, 2022, 1-58.

[54] STEVEN J, ANDREA N. From systematic to ecological wood anatomy and finally plant hydraulics are we making progress in understanding xylem evolution[J]. The New phytologist, 2014, 203(1): 12-15.

[55] ZANNE A E, TANK D C, CORNWELL W K. Three keys to the radiation of angiosperms into freezing environments[J]. Nature, 2014, 506: 89-92.

[56] PACE M R, GEROLAMO C S, ONYENEDUM J G, et al. The wood anatomy of Sapindales: diversity and evolution of wood characters[J]. Brazilian Journal of Botany, 2022, 1-58.

[57] 秦磊, 王云龙, 梁涤, 等. 云南景洪与昌宁茶树木材构造特征比较[J]. 西南林业大学学报: 自然科学, 2019, 39(3): 172-175.

[58] 陈菲. 浅谈茶树栽培中植物群落学原理的应用[J]. 现代园艺, 2011(7): 21.

[59] 魏小平, 刘泽铭, 陶晶. 云南古茶园(树)资源调查研究[J]. 云南地理环境研究, 2017, 29(1): 51-58.

[60] 张珊珊, 杨文忠, 诺苏那玛. 云南古茶树保护与管理措施探讨[J]. 安徽农学通报, 2017, 23(23): 7-11.

[61] 闵天禄. 山茶属茶组植物的订正[J]. 云南植物研究, 1992(2): 115-132.

[62] 刘本英, 孙雪梅, 宋维希, 等. 云南西双版纳古茶树的地理分布、多样性及其利用[J]. 中国农学通报, 2010(22): 344-349.

[63] 陈炳环. 茶树分类研究的历史和现状(续)[J]. 中国茶叶, 1984(1): 7-8.

[64] 闵天禄. 山茶属茶组植物的修订[J]. 云南植物研究, 1992(2): 115-132.

[65] 张宏达. 茶叶植物资源的修订[J]. 中山大学学报(自然科学), 1984(1): 1-12.

[66]陈亮，虞富莲，童启庆．关于茶组植物分类与演化的讨论[J]．茶叶科学，2000，20(2)：89-94.

[67]段红星，邵宛芳，王平盛，等．云南特有茶树种质资源遗传多样性的 RAPD 研究[J]．云南农业大学学报，2004，19(3)：247-254.

[68]CHEN L，YAMAGUCHIS．RAPD markers for discriminating tea germ plasmsat the inter specificlevelin China [J]．Plant Breeding 2005，124：404-409.

[69]CHEN J，WANG P S，XIA Y M，et al. Genetic diversity and differentiation of *Camelliasinensis* L. (cultivated tea) and its wild relatives in Yunnan province of China，revealed by morphology，bio chemistry and all ozyme studies[J]．Genetic Resources and Crop Evolution，2005，52：41-52.

[70]KATOHY，KATOHM，TAKEDAY，et al. Genetic diversity with in cultivated teas based on nucleotide sequence comparison of ribosomal RNA maturase in chloroplast DNA[J]．Euphytica，2003，134：287-295.

[71]杨崇仁，张颖君，高大方，等．大理茶种质资源的评价与栽培大叶茶的起源[J]．茶叶科学技术，2008(3)：1-4.

[72]蒋会兵，汪云刚，唐一春，等．野生茶树大理茶种质资源现状调查[J]．西南农业学报，2009，22 (04)：1153-1157.

[73]云南省质量技术监督局．DB53/T 391—2012．自然保护区与国家公园生物多样性监测技术规程第 1 部分：森林生态系统及野生动植物[S]．北京：中国标准出版社，2012-03-15.

[74]树雪花，杨沛芳，陈捷，等．白马雪山国家级自然保护区北部奔子栏管理所辖区植物样地监测与分析[J]．农村实用技术，2020(7)：190-192.

[75]李启亮，范锦龙，许淇，等．基于 GPS 照片数据处理系统的地面样方调查[J]．测绘地理信息，2019，44(3)：113-116.

[76]周先叶，黄东光，昝启杰，等．薇甘菊对香港郊野公园植物群落危害的分析[J]．生态科学，2006 (6)：530-536.

[77]柴胜丰，蒋运生，宁世江，等．广西石灰岩特有珍稀濒危植物毛瓣金花茶的伴生群落特征[J]．广西科学院学报，2020，36(1)：45-55，64.

[78]李崇科．澜沧县茶产业发展的调研和思考[J]．玉溪师范学院学报，2007(6)：5-9.

[79]特色魅力古茶山：澜沧县景迈古茶园[J]．云南农业，2018(6)：46.

[80]蒲云海，梅浩，陈芬，等．京山对节白蜡省级自然保护区森林植被类型分析[J]．湖北林业科技，2016，45(5)：16-19.

[81]李松阳，刘康妮，余杭，等．云南省蒋家沟不同植被类型土壤物理性质对水分入渗特征的影响[J]．山地学报，2021，39(6)：867-878.

[82]谢洲，付亮，黄娟，等．达州市兰州百合引种栽培试验[J]．安徽农学通报，2015，21(20)：50，111.

[83]谢文钢．古蔺牛皮茶种质资源植物学特征和生化特性的初步研究[D]．雅安：四川农业大学，2015.

[84]刘海洋．基于区块链的国家农作物种质资源数据管理系统研究[D]．北京：中国农业科学院，2020.

[85]郭元超．我国栽培茶树的起源与演化[J]．福建茶叶，1991(3)：10-18.

[86]孙雪梅，黄玫，刘本英，等．云南野生茶树的地理分布及形态多样性[J]．中国农学通报，2012，28 (25)：277-288.

[87]李华锋，滕杰，杨家干，等．连南栽培型古茶树资源叶片表型性状遗传多样性及聚类分析[J]．中国农学通报，2016，32(36)：109-114.

[88]李有贵，楚永兴，冉茂亚，等．华盖木解剖构造特征研究[J]．西南林业大学学报(自然科学)，2020，40(2)：161-166.

[89]符瑞云，张文博，黎冬青，等．古建木构件化学组分近红外光谱分析[J]．林业工程学报，2021，6(2)：114-119.

[90]梁善庆，罗建举．人工林米老排木材解剖性质及其变异性研究[J]．北京林业大学学报，2007(3)：142-148.

[91]武博，吴静霞，姚晨岚．白花崖豆木的物理微观特征及化学图谱分析[J]．化工技术与开发，2020，49(9)：54-57.

[92]文印．基部被子植物水力结构进化及其与光合的关联：几个案例研究[D]．南宁：广西大学，2019.

[93]晓阳．冰岛茶树王年采摘权99万元[J]．中国拍卖，2020(7)，42-45.

[94]喻诚鸿．次生木质部的进化与植物系统发育的关系[J]．Journal of Integrative Plant Biology，1954(2)：183-196.

[95]王丰，潘彪，唐菁，等．鹅掌楸属次生木质部解剖特征及自然种系统演化[J]．安徽农业大学学报，2014，41(03)：451-455.

[96]KRIBS D A. Salient lines of structural specialization in the wood rays of dicotyledons[J]. Bot Gaz, 1935, 96：547-557.

[97]谷安根，陆静梅．维管植物演化形态学[M]．吉林：吉林科学技术出版社，1993.

[98]FAHN A. 植物解剖学[M]．吴树明，刘德仪，译．天津：南开大学出版社，1990.

[99]韩丽娟，周春丽，吴树明．国产胡桃科次生木质部导管分子的比较解剖及其系统位置的讨论[J]．西北植物学报，2002，22(6)：1426-1431.

[100]田易萍，徐丕忠，朱兴正．国家级茶树良种云抗10号在云南省的应用及推广[J]．现代农业科技，2011(24)：118-119.

[101]杨柳霞，罗朝光，陶仕科，等．国家级茶树品种云抗10号繁育及推广[Z]．2006.

[102]云南大叶良种长叶白毫选育与应用[Z]．云南省，云南省农业科学院茶叶研究所，2010-05-07.

[103]李光涛．大叶茶良种云抗10号[J]．云南农业，2001(7)：15.

[104]李光涛，董继文，梁涛，等．云抗10号茶树的有机栽培技术[J]．中国茶叶，2011，33(7)：23-24.

[105]陈作书．云抗10号无性茶丰产栽培技术[J]．云南农业科技，2008(2)：46.

[106]陈作书，江宗丽．云抗10号无性茶在高寒山区的早期丰产栽培技术[J]．农村实用技术，2007(10)：45.

[107]国家级大叶茶无性系良种：云抗10号[Z]．云南省，云南省农业科学院茶叶研究所，2012-01-01.

[108]"云抗10号"成云茶最大当家品种[J]．普洱，2009(6)：116.

[109]王平盛，何青元．云南普洱茶与茶树品种[C]//．第四届海峡两岸茶业学术研讨会论文集．[出版者不详]，2006：95-99.

[110]王军锋，马锦林，黄腾华，等．普通油茶和小果油茶木材构造与物理性质的研究[J]．西北林学院学报，2020，35(3)：212-217，257.

[111]刘金良，骆嘉言，安榆林，等．基于分子DNA技术对白木香和印尼白木香木材树种的鉴定识别的研究[C]//中国林学会．中国林学会木材科学分会第十三次学术研讨会论文集，2012：71-73.

[112]石林春，刘金欣，宋经元，等．植物叶绿体基因组中matK基因的分布及引物通用性研究[C]//中国科学技术协会．第十五届中国科协年会：中药与天然药物现代研究学术研讨会论文集，2013：

40-44.

[113]乔梦吉，陈柏旭，符韵林.5种楠木木材DNA的提取与条形码鉴定[J].西南林业大学学报(自然科学)，2019，39(3)：141-148.

[114]Kri žman M, Jakše J, Bari čevi č D, et al. Robust CTAB-activated charcoal protocol for plant DNA extraction[J]. Acta Agric Slov, 2006, 87(2)：427-433.

[115]汪小全，邹喻苹.RAPD应用于遗传多样性和系统学研究中的问题[J].植物学报：英文版，1996，38(12)：954-962.

[116]卢扬江，郑康乐.提取水稻DNA的一种简易方法[J].中国水稻科学，1992，6(1)：47-48.

[117]郑康乐.应用DNA标记定位水稻的抗稻瘟病基因[J].植物病理学报，1995，25(4)：307-313.

[118]迟婧，耿丽丽，高继国，等.植物叶片基因组DNA快速提取方法[J].生物技术通报，2014(9)：51-57.

[119]赵学仁.茶树的进化[J].茶叶，1981(4)：48.

[120]庄晚芳.茶树原产于我国何地[J].浙江农业大学学报，1981(3)：115-119.

[121]刘其志.茶的起源演化及分类问题的商榷[J].茶叶科学，1966(1)：36-40.

[122]潘根生.茶树栽培生理[M].上海：上海科技出版社，1986，28.

[123]宛晓春.茶叶生物化学[M].3版.北京：中国农业出版社，2007.

[124]胡振长.次生产物与茶树化学分类初探[J].福建茶叶，1986(3)：2-6.

[125]宿迷菊，王盈峰，邹新武.浅析昌宁野生古树红茶的原料特性及品质特征[J].中国茶叶加工，2018(4)：72-76.

[126]段志芬，杨盛美，唐一春，等.云南大理茶遗传多样性分析[J].山西农业科学，2019，47(12)，2068-2072.

[127]茶澳网.茶树的品种分类和鉴定[EB/OL].(2020-09-08)[2022-05-03].https：//wenku.baidu.com/view/d9c5fc50f111f18583d05ae1.html.

[128]黄仲先，黄怀生，周文，等.湖南茶叶中儿茶素含量水平评价[J].湖南农业科学，2006(5)：37-39.

[129]凌敏，刘丽，袁华，等.茶多酚化学及其在医药保健中的应用[J].湖北化工，2001(3)：29-31.

[130]李颖，刘小玲.六堡茶的水溶性成分分析与研究进展[J].广西质量监督导报，2010(10)：45-47.

[131]说茶网.一文带你了解：普洱茶拼配史[EB/OL].(2021-03-17)[2022-05-03].http：//www.ishuocha.com/.

[132]国家卫生和计划生育委员会.GB 5009.3—2016.食品安全国家标准 食品中水分的测定[S].北京：中国标准出版社，2016-08-31.

[133]国家质量监督检验检疫总局，国家标准化管理委员会.GB/T 8305—2013.茶 水浸出物测定[S].北京：中国标准出版社，2013-12-31.

[134]国家市场监督管理总局，国家标准化管理委员会.GB/T 8313—2018.茶叶中茶多酚和儿茶素类含量的检测方法[S].北京：中国标准出版社，2018-07-13.

[135]国家质量监督检验检疫总局，国家标准化管理委员会.GB/T 23193—2017.茶叶中茶氨酸的测定 高效液相色谱法[S].北京：中国标准出版社，2017-11-01.

[136]国家质量监督检验检疫总局，国家标准化管理委员会.GB/T 8312—2013.茶 咖啡碱测定[S].北京：中国标准出版社，2013-12-31.

作者简介

梁 涤

西南林业大学工学博士，并取得北京对外经济贸易大学经济学学士、西南大学农学硕士学位，研究古茶树育种进化和古树茶加工近三十年，发表论文和报告百余篇；长期任云南海关学会理事，从事国门生物安全专家组课题研究；先后参加国家林业和草原局重点实验室古茶树年轮基金项目、云南国家基金基础研究重点项目；参加古茶树保护条例和古茶树鉴定相关标准制修订；入选景洪市委党校专家库；中国战略与管理研究会志愿军研究会成员，国际木材解剖学家协会（IAWA）成员。

联系邮箱：wd18787901627@ 126. com

微信号：YLinbo22

邱 坚

男，博士生导师、二级教授，从事木材科学与技术教学和科研工作，主要研究方向为木材学、木材解剖学、木材生物学、木材保护学和木材功能性改良。入选全国优秀教师，获云南省"万人计划"教学名师、省中青年学术与技术带头人，省教学名师，省高层次教学名师等荣誉称号，担任西南林业大学学术委员会主任委员和学位评定委员会副主席。获国家林业和草原局授予"全国生态建设突出贡献奖先进个人"，云南省授予"省政府特殊津贴获得者"等奖励。

联系邮箱：qiujian@ 1swfu. edu. cn